中国古代印刷

刘洪涛　石雨祺　编著

中国商业出版社

图书在版编目（CIP）数据

中国古代印刷／刘洪涛，石雨祺编著．-- 北京：中国商业出版社，2015.5（2022.1 重印）

ISBN 978-7-5044-8565-6

Ⅰ．①中… Ⅱ．①刘…②石… Ⅲ．①印刷史-中国-古代 Ⅳ．①TS8-092

中国版本图书馆 CIP 数据核字（2015）第 116892 号

责任编辑：常　松

中国商业出版社出版发行
010-63180647　www.c-cbook.com
（100053 北京广安门内报国寺 1 号）
新华书店经销
三河市吉祥印务有限公司印刷
*
710 毫米×1000 毫米　16 开　12.5 印张　200 千字
2015 年 5 月第 1 版　2022 年 1 月第 3 次印刷
定价：25.00 元
*　*　*　*
（如有印装质量问题可更换）

《中国传统民俗文化》编委会

序　言

中国是举世闻名的文明古国，在漫长的历史发展过程中，勤劳智慧的中国人创造了丰富多彩、绚丽多姿的文化。这些经过锤炼和沉淀的古代传统文化，凝聚着华夏各族人民的性格、精神和智慧，是中华民族相互认同的标志和纽带，在人类文化的百花园中摇曳生姿，展现着自己独特的风采，对人类文化的多样性发展做出了巨大贡献。中国传统民俗文化内容广博，风格独特，深深地吸引着世界人民的眼光。

正因如此，我们必须按照中央的要求，加强文化建设。2006 年 5 月，时任浙江省委书记的习近平同志就已提出："文化通过传承为社会进步发挥基础作用，文化会促进或制约经济乃至整个社会的发展。"又说，"文化的力量最终可以转化为物质的力量，文化的软实力最终可以转化为经济的硬实力。"（《浙江文化研究工程成果文库总序》）2013 年他去山东考察时，再次强调：中华民族伟大复兴，需要以中华文化发展繁荣为条件。

正因如此，我们应该对中华民族文化进行广阔、全面的检视。我们应该唤醒我们民族的集体记忆，复兴我们民族的伟大精神，发展和繁荣中华民族的优秀文化，为我们民族在强国之路上阔步前行创设先决条件。实现民族文化的复兴，必须传承中华文化的优秀传统。现代的中国人，特别是年轻人，对传统文化十分感兴趣，蕴含感情。但当下也有人对具体典籍、历史事实不甚了解。比如，中国是书法大国，谈起书法，有些人或许只知道些书法大家如王羲之、柳公权等的名字，知道《兰亭集序》

是千古书法珍品,仅此而已。

再如,我们都知道中国是闻名于世的瓷器大国,中国的瓷器令西方人叹为观止,中国也因此获得了“瓷器之国”(英语 china 的另一义即为瓷器)的美誉。然而关于瓷器的由来、形制的演变、纹饰的演化、烧制等瓷器文化的内涵,就知之甚少了。中国还是武术大国,然而国人的武术知识,或许更多来源于一部部精彩的武侠影视作品,对于真正的武术文化,我们也难以窥其堂奥。我国还是崇尚玉文化的国度,我们的祖先发现了这种“温润而有光泽的美石”,并赋予了这种冰冷的自然物鲜活的生命力和文化性格,如“君子当温润如玉”,女子应“冰清玉洁”“守身如玉”;“玉有五德”,即“仁”“义”“智”“勇”“洁”;等等。今天,熟悉这些玉文化内涵的国人也为数不多了。

也许正有鉴于此,有忧于此,近年来,已有不少有志之士开始了复兴中国传统文化的努力之路,读经热开始风靡海峡两岸,不少孩童以至成人开始重拾经典,在故纸旧书中品味古人的智慧,发现古文化历久弥新的魅力。电视讲坛里一拨又一拨对古文化的讲述,也吸引着数以万计的人,重新审视古文化的价值。现在放在读者面前的这套“中国传统民俗文化”丛书,也是这一努力的又一体现。我们现在确实应注重研究成果的学术价值和应用价值,充分发挥其认识世界、传承文化、创新理论、资政育人的重要作用。

中国的传统文化内容博大,体系庞杂,该如何下手,如何呈现?这套丛书处理得可谓系统性强,别具匠心。编者分别按物质文化、制度文化、精神文化等方面来分门别类地进行组织编写,例如,在物质文化的层面,就有纺织与印染、中国古代酒具、中国古代农具、中国古代青铜器、中国古代钱币、中国古代木雕、中国古代建筑、中国古代砖瓦、中国古代玉器、中国古代陶器、中国古代漆器、中国古代桥梁等;在精神文化的层面,就有中国古代书法、中国古代绘画、中国古代音乐、中国古代艺术、中国古代篆刻、中国古代家训、中国古代戏曲、中国古代版画等;在制度文化的层面，就有中国古代科举、中国古代官制、中国古代教育、中国古代军队、中国古代法律等。

此外，在历史的发展长河中，中国各行各业还涌现出一大批杰出人物，至今闪耀着夺目的光辉，以启迪后人，示范来者。对此，这套丛书也给予了应有的重视，中国古代名将、中国古代名相、中国古代名帝、中国古代文人、中国古代高僧等，就是这方面的体现。

生活在21世纪的我们，或许对古人的生活颇感兴趣，他们的吃穿住用如何，如何过节，如何安排婚丧嫁娶，如何交通出行，孩子如何玩耍等，这些饶有兴趣的内容，这套"中国传统民俗文化"丛书都有所涉猎。如中国古代婚姻、中国古代丧葬、中国古代节日、中国古代民俗、中国古代礼仪、中国古代饮食、中国古代交通、中国古代家具、中国古代玩具等，这些书籍介绍的都是人们颇感兴趣、平时却无从知晓的内容。

在经济生活的层面，这套丛书安排了中国古代农业、中国古代经济、中国古代贸易、中国古代水利、中国古代赋税等内容，足以勾勒出古代人经济生活的主要内容，让今人得以窥见自己祖先的经济生活情状。

在物质遗存方面，这套丛书则选择了中国古镇、中国古代楼阁、中国古代寺庙、中国古代陵墓、中国古塔、中国古代战场、中国古村落、中国古代宫殿、中国古代城墙等内容。相信读罢这些书，喜欢中国古代物质遗存的读者，已经能掌握这一领域的大多数知识了。

除了上述内容外，其实还有很多难以归类却饶有兴趣的内容，如中国古代乞丐这样的社会史内容，也许有助于我们深入了解这些古代社会底层民众的真实生活情状，走出武侠小说家加诸他们身上的虚幻的丐帮色彩，还原他们的本来面目，加深我们对历史真实性的了解。继承和发扬中华民族几千年创造的优秀文化和民族精神是我们责无旁贷的历史责任。

不难看出，单就内容所涵盖的范围广度来说，有物质遗产，有非物质遗产，还有国粹。这套丛书无疑当得起"中国传统文化的百科全书"的美誉。这套丛书还邀约大批相关的专家、教授参与并指导了稿件的编写工作。应当指出的是，这套丛书在写作过程中，既钩稽、爬梳大量古代文化文献典籍，又参照近人与今人的研究成果，将宏观把握与微观考察相结合。在论述、阐释中，既注意重点突出，又着重于论证层次清晰，从多角度、多层面对文化现象与发展加以考察。这套丛书的出版，有助于我们走进古人的世界，了解他们的生活，去回望我们来时的路。学史使人明智，历史的回眸，有助于我们汲取古人的智慧，借历史的明灯，照亮未来的路，为我们中华民族的伟大崛起添砖加瓦。

是为序。

傅璇琮

2014年2月8日

前　言

中华民族以她五千年的文化、三千多年的文字史而闻名于世。中国古代“四大发明”之一的印刷术，已流传一千多年。它曾传至朝鲜，南临越南，东渡日本，沿丝绸之路，经西亚抵达欧洲。印刷术的发明是中华民族为人类进步事业做出的杰出贡献，马克思对此曾给予高度评价，把它喻做推动人类文明进步的杠杆。

印刷术不仅与文化艺术有着密切的“血缘”关系，它本身也是科学技术的一部分。研究印刷史，可以与书史或出版史联系起来，也可以与科技史或文字史联系起来。可见，印刷技术总是通过这样或那样的侧面，与整个社会的文化相沟通的。因此，研究印刷史，只有在我们的视野环顾整个历史舞台的时候，才能理解马克思的印刷术是“对精神文明创造必要前提的最强大的杠杆”的论断的真正含义。

我国的科学文化，在一千多年的历史长河中，一直是举世领先的。唐朝以来的雕版印刷，宋朝以来的活字版印刷，在相当长的一段时期内也是举世领先的。

历史是无法割断的。任何科学技术的产生与发展，在历史的长河中，总要保持它的连贯性，印刷技术的发展史也不例外。由殷商的文字，春秋战国的印信，秦汉的碑拓，到隋唐才萌发出刷印的念头。由整块的文字雕版，才启迪人们发明活字版。连西方的学者也承认，欧洲15世纪的铅印术，也是在中国印刷术西传以后的影响下才产生的。

物换星移，山河沧桑，王朝虽有更迭，然而印刷术却随着历史的前进在发展。盛唐的诗歌，宋词元曲，明清的小说和版画，都曾盛极一时。在这“盛”字下面，蕴含着多少代印刷工作者的聪慧和辛劳啊！通过印刷，这些文化瑰宝才广为传播，再传诸后世。历史上几次大规模的刻书活动，那些名不见经传的刻工，给我们留下了卷帙浩繁的印刷典籍，这些已成为我们民族宝贵的文化遗产。

阅读本书，可以领略我国古代印刷发展历程，感受我国古人的超人智慧，激发我们的民族自豪感，增强我们的自信心，让我们的人生更加精彩！

目录

第五章　印刷术的延续——明清时期的印刷术

第一章

中国古代早期的文字记录

印刷术的发明取决于很多方面，而文字的产生与发展是印刷术出现的基本前提。正是文字为印刷术提供了复制对象，导致了社会对印刷术的需求。文字与印刷术的诞生与发展有着相互促进和制约的不解之缘。

第一节 汉字的产生与发展

原始记事方法与汉字的产生

在人类物质文明史上，任何工艺技术——特别是重大工艺技术的出现，其前提基础都是使用需求的出现以及相对应的物质条件的具备。印刷术也是如此。根据史料记载，印刷术的出现是社会所产生的对大量书籍复制的需求。而印刷术的实现，其前提基础则是文字的产生、发展和规范，以及印刷原材料的存在。也就是说，如果印刷术的印刷对象——文字没有产生和得以规范，人们可能随着生活的发展依然需要印刷术，印刷术可能在织物领域会得到应用。但没有了基本的对象，印刷术的进步与完善会十分困难。只有文字产生了，并且得到了社会的规范以后，才使印刷术有了得以复制的对象。

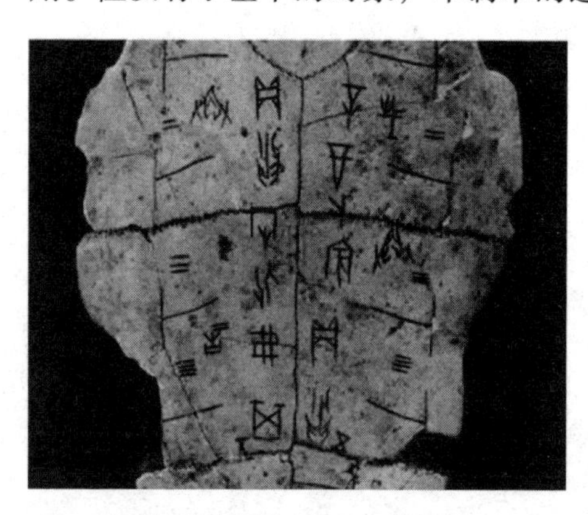

中国最早的文字——甲骨文

中国的文字是从图画符号演变而来的。而这些早期的符号和图画，也是随着人们生产实践的不断发展，产生了记录、传播信息的需求而产生的。这个过程是必然的。当我们研究文字的起源时，必然会指向最初使文字产生的那些原始的记录和传播思想的记

事方法——结绳、契刻与图画文字。

在原始社会时期，生产力十分低下，人类为了生存不得不团结起来，采用原始、简陋的生产工具同大自然作斗争。在斗争中，语言是作为交流信息的工具而产生的。但语言随着话语的结束会即刻消失，它不仅不能保存，而且无法传播到较远一点的地方去。语言的这种特点阻碍了人类信息的交流，并且某些需要长期保存的信息仅靠人类的大脑已显得十分困难。于是，人类最初的记事方法——“结绳记事”和“契刻记事”便应运而生。

1. 结绳记事

在文字产生之前，人们为了长期记录信息，曾经采用过各种记事方法，而使用较多的是结绳和契刻。在中国古籍文献中，记载了相当多的关于结绳记事的材料。战国时期的著作《周易·系辞下传》中说：“上古结绳而治，后世圣人易之以书契。”汉朝人郑玄在《周易注》中也说：“古者无文字，结绳为约，事大，大结其绳；事小，小结其绳。”李鼎祚《周易集解》引《九家易》中亦说：“古者无文字，其有约誓之事，事大，大其绳，事小，小其绳，结之多少，随物众寡，各执以相考，亦足以相治也。”这主要讲的是结绳契约之事。

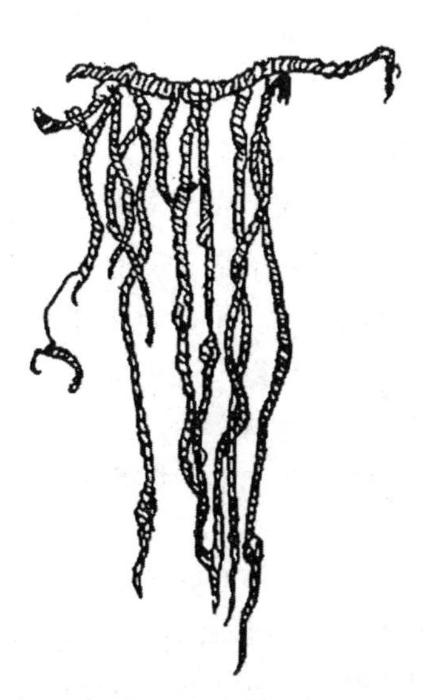

古代结绳记事

2. 契刻记事

契刻主要用于记录数目。汉朝刘熙在《释名·释书契》中提到：“契，刻也，刻识其数也。”意即契就是刻，契刻的目的是帮助记录数目。因为数目是契约关系中最容易引发争端的，是极为重要的因素。于是，为了契约的准确，人们就用契刻的方法，将契约的数目用一定的线条作符号，刻在竹片或木片

上。这就是古时的“契”。后来，人们把契从中间一分为二，双方各保存一半，以二者吻合为凭据。关于古代契刻的用途，可以在《列子·说符》所记载的故事中窥见一斑：宋国有一个人，在路上拾到一个别人丢失的“契”，他将契检回家之后数了数上面所记的数目，发现该契所记录的数目非常大，便十分开心地对邻居说：“我很快就要发财了。”这段故事说明古代的契上所刻的是数目，而契的主要用途是作债务的凭证。

结绳记事，契刻记事，以及其他原始的记事方法，存在于世界各地的原始初民中。自我国宋朝以后，结绳记事方法仍流行于南方的一些地区。最为著名的结绳记事出现在南美洲的秘鲁。有的民族，根据绳子的不同颜色和结法，还可以精确地记载下一些事情来。

原始的结绳记事法，有的只用一根绳子打结记录事情，有的则用数根不同颜色的绳子横竖交叉来记事。但不管其是简单还是复杂，它终究只能记录简单的数字或方位概念，是一种表意形式。它只是文字产生前的一个过渡阶段，但它不是文字的前身，它只是暂时代替文字来记录信息。因为它只有记录的功能，而人们不能用它进行思想交流，不具备语言交流和记录的属性。因此，结绳记事不可能发展为文字。

3. 图画文字

作为最原始的结绳记事和契刻记事，其方法十分简陋，可流通范围十分狭小，并且常会出现记录错误，于是人们便不得不转而寻求其他的，譬如图画的方法来记录信息、表达思想。图画是文字产生的前提。唐兰先生在《中国文字学》中解释道：“文字的产生，本是很自然的，几万年前旧石器时代的人类，已经有很好的绘画，这些画大抵是动物和人像，这是文字的前驱。”然而，图画起到文字的交流作用，演变成文字的可能性是“有了较普通、较广泛的语言”之后。譬如，只有当有人画了一只虎，大家把它辨认出来之时才会叫它为“虎”；画了一头象，辨认之后才会叫它为“象”。随着时间的流逝，大家约定俗成，就把上述图画指代为“虎”“象”。那么这时，这种图画的意义就介于了图画和文字之间。久而久之，用于指代的图画越来越多，个人各异，每个人画得不尽相

同，并且逼真性减弱。这样的图画在历史的长河中就逐渐演变成了文字。这样，图画就有了不同分类，分成原有的逼真的图画和演变成文字符号的图画文字两类。图画文字进一步演变为象形文字。正如《中国文字学》所说："文字本于图画，最初的文字是可以读出来的图画，但图画不一定都能读。后来，文字跟图画渐渐分歧，差别逐渐显著，文字不再是图画的，而是书写的。"而"书写的技术不需要逼真的描绘，只要把特点写出来，大致不错，使人能认识就够了"。这段话所讲的就是原始的文字。

史料记载，战国时期有许多仓颉作书的传说来解释文字的起源。如《荀子解蔽》中说："好书者众矣，而仓颉独传者一也。"《吕氏春秋·君守篇》说："奚仲作车，仓颉作书……"其大意都是说仓颉创造了中国的文字。

近似于神话传说的仓颉造字故事是这样的：黄帝统一华夏民族之后，越来越感觉到结绳记事法已满足不了记事需求，就下令让其史官仓颉造字用以记事。仓颉接到命令之后，为了专心致志地造字，就来到洧水河南岸的一个高台上造屋并住了下来。可是，很长一段时间以来他苦思冥想却毫无结果。机缘巧合的是，有一天，仓颉正在苦苦冥思之际，只见天上飞来一只嘴里叼着东西的凤凰，到仓颉面前的时候此物掉了下来。仓颉将此物拾起，发现上面有难以辨认的野兽的蹄印。仓颉向一位猎人询问此蹄印为何种动物的脚印，猎人看了看回答道："这种蹄印与别的兽类的蹄印完全不同，这是貔貅的蹄印。"仓颉从猎人的话中受到了启发，他想到，既然自然万物都有自己的特征，如果能用图画的方式记录事物的独特特征，让大家辨识，这些图画不就成为字了吗？例如，将日、月、星、云、山、河、湖、海，以及应用器物、各种飞禽走兽按照其特征作画并且

图画文字

形成象形字。如此一来，经过时间的积累，仓颉造的字就越来越多。黄帝看到仓颉所造的这些象形字十分开心，立即召集九州酋长让他们跟随仓颉学习这些字，随之这些字便传播开来。后人把河南新郑县城南仓颉造字的地方称作“凤凰衔书台”，以此来纪念仓颉造字的丰功伟绩，宋朝时还在这里建了一座名为“凤台寺”的庙。

仓颉造字的故事虽然是传说，不足以作为解释文字起源的可靠证据，但是这则传说却说明了文字是由图画演变而来的。根据史料做科学的分析，可以得出这样的结论——文字是人类社会发展到一定程度的必然结果，是原始人类在长期生产实践中逐渐形成、演变而来的，文字是群体智慧的结晶，而不可能是由哪一个人单独发明创造的。我们可以猜测或许仓颉整理了人类早期创造的图画文字，但学术界关于文字产生的年代并无定论。达成共识的认识是“仓颉是黄帝的史官。”仓颉造字应该是在公元前 26 世纪的黄帝时期。考古和文献记载说明，中国的汉字在四五千年之前便已经产生并日臻完善。

汉字的起源——甲骨文与金文

文字是人类社会发展到一定阶段的产物。汉字从产生、发展到定型，也经历了漫长的历史过程。

早在人类社会初期，就产生了传递信息、交流经验的要求。在没有文字之前，主要是通过语言来实现的。由于语言无法储存，又无法传递到较远的地方，于是就出现了结绳记事和实物记事的方法，但这只能记载、传递极为简单的事件。后来，出现了将简单的图像、符号刻划在树皮、洞壁、石块等自然物上的方式，这就是早期的文字。现在能看到的最早的文字符号，是陕西半坡遗址出土的六千年前的彩陶器上的符号。它虽然还是一种简单的符号，还未形成真正的文字，但也说明人们已经在使用一种符号来表示某种意义，这无疑就是汉字的原始形态了。古文字学家认为，汉字的真正历史，应始于殷墟的甲骨文。

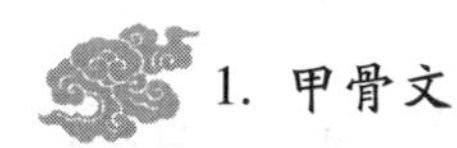

1. 甲骨文

19 世纪后期，河南安阳的农民在耕地时偶然发现了甲骨的碎片。他们把这些甲骨作为龙骨卖到药房。1899 年，古文字学家刘鹗在别人所服的中药中，发现了这种上面刻有古文字的甲骨，便开始搜集研究，认为这是商代的文字。从此，便吸引了更多的人来从事甲骨文的收集与研究，不断揭示出甲骨文的秘密。

1928 年至 1937 年，前中央研究院历史语言研究所在河南安阳附近的小屯进行了系统发掘，共得甲骨 2.4 万多片。在此期间，河南省立博物馆也进行了两次发掘，出土甲骨文 3600 多片。

中华人民共和国成立后，中国科学院考古研究所多次对安阳殷墟遗址进行发掘，又出土了大量载有文字的甲骨，并在其他地方也陆续发现了一批周代早期的甲骨文，如 1954 年在山西洪赵县发现一片，上刻 8 字；1977 年陕西岐山县凤雏村发现周初甲骨 1.7 万多片，其中 190 多片载有文字；1979 年陕西扶风县齐家村发现 22 片，其中 5 片有文字；1983 年河南洛阳也发现了少量西周甲骨。

甲骨文象形文字

从 1899 年发现第一片甲骨文起，到目前为止，发现和发掘的商周时代的甲骨文近 20 万片，从事这方面研究的学者有三四百人，出版了这方面的著作达 1000 多种，对甲骨文的研究取得了辉煌成果。这些成果摘其要者有以下四个方面。

（1）统计了甲骨文的字数，译释了一批古文字。到目前为止所发现的甲骨片块上所载文字已超过百万字，除去重复的文字，有 4600 余字，其中可以辨解意义的有 1000 多字，其余的目前还难以辨认。既然已有了这

么多文字和字汇，完全可以表现较为复杂的事件。

（2）甲骨文是汉字最早而较定型的文字，其构造已相当完备，而且具备汉字构成的多种原则，它的源头可以追寻到公元前4000多年的半坡文化时期。这就是说甲骨文到了商代，已有约3000年的发展历史。

（3）甲骨文有写和刻两种方法，有些是刻过后再在笔画上填入朱砂。在文字的排列顺序上还比较自由，既有由上而下的直行，也有从左至右的横向排列。由于甲骨的形状不同，往往是依其形状而排列，每片甲骨的字数多少也相差很大，有的只有1个字，有的则多到98字。而1973年于安阳小屯发现的商代后期的一片兽骨卜辞，共载文字128字。

（4）有的甲骨是几片串在一起的，这说明它可以连续阅读，由此我们可以认为，这就是书籍的原始形态。

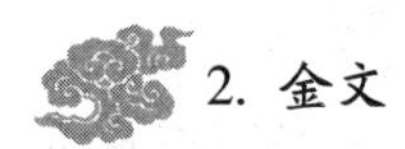

2. 金文

继甲骨文之后出现的汉字书体就是金文。由于这种文字多铸在各种青铜器上而得名，也称为钟鼎文或青铜器铭文。

古代金文

现今所见最早有铭文的青铜器，为商代中期（盘庚迁殷）以后之物，铭文都很简单，文字书体近似于甲骨文。最有代表性的金文，则是西周的青铜器铭文。

西周金文最突出的特点是：出土数量多，所载文字篇幅较长，铭文内容丰富，书体有其时代特点，文字的排列顺序较为定型。西周的青铜器铭文，有很多字数都超过了二三百字。例如，西周前期的大盂鼎就载291字，小盂鼎有400字左右，西周中期的智鼎也有400字左右。后期的大克鼎有290字，散氏盘有350字，毛公鼎有近500字。毛公鼎是西周青铜器铭文中最长的一篇，近似于

《尚书》中的一篇。由于西周金文已能较详细地记载一些制度和史料，所以成为了研究西周历史的重要资料。

铸刻在青铜器上的金文

春秋时期，青铜器铭文仍继承了西周的传统，有的铭文字数也很多。例如，宋代发现的齐灵公大臣叔弓所作的一件大镈就有493字，叔弓的编钟由7个合成，共有文字503字，比毛公鼎的文字还多。但总体来看，春秋时期的青铜器铭文比西周要少得多。

到了战国时期，青铜器铭文以“物勒工名”为主，记载作器年份、地点、作器者官名等，长篇记事的现象已很少见，但也偶尔发现有铭文较长者。例如，1974年于河北省平山县出土的战国中山王鼎，铭文长达469字，青铜壶有铭文450字。

迄今为止所发现的周代金文，有单字3000多个，可以识读的有1800多字，还有1000余字不能辨认。当然，我们还不能认为这是西周时期所用文字的总数，因为青铜器只不过是当时文字载体的形式之一，而且容纳的字数很有限。当时可能还有其他形式的文字载体，由于年代久远未能留传下来。但可以肯定地说，周代的金文比起甲骨文来，字汇更为丰富，书体更为定型，由上而下成行，由右而左的行间顺序，成为后来汉字书写的定型格式。大盂鼎的文字排列得整齐成行，是甲骨文所没有的。从图中还可以看出，其字体的均衡，笔画的雄浑而端正，笔法的整齐而凝重，都表现了较高的书法艺术，反映了汉字发展的历史进程。

六书——汉字的构成方式

中国文字的雏形——图画文字和象形文字，都是仿照实物而创造的。与绘画相似的图画文字或象形文字，它们所代表的对象都是生活中可见的物品，

但此类文字数量较少，难以满足人们传播信息、交流思想的需求。人们的思想随着时间的推移日渐复杂，用以记录和传播信息的文字也逐渐增多，象形文字在使用的过程中也沿着符号化的方向发展。现存的象形文字越来越满足不了复杂社会的需求，社会的需求刺激了六书即象形指事、会意、转注、形声、假借等造字方法的产生。通过六书制造的文字数量越来越多，使人们的思想可以得到完整的表达和交流。

中国的文字按照造字方法分为象形、指事、形声、会意、转注、假借等六种，这六种造字法即是“六书”。“六书”是由古代文字学学者在对汉字结构及使用分析的基础上归纳出来的造字条例。几千年来，中国文字经过了由繁至简的变化，但是没有脱离早期绘画或符号的样式。后来更多文字的形成是将原有的文字进行各种结构的组合，这种造字方法在世界造字史上是史无前例的。

汉字的构成十分精妙，因此字形和字义的记忆显得并不困难。诞生于战国时期的“六书”是从构字角度提出的。此六种造字方法如下。

（1）象形。由此种造字方法产生的字体是根据事物的形状或特点摹写而

印刷体	甲骨文	金文	小篆	隶书	楷书	草书	行书
虎	[illegible]	[illegible]	[illegible]	虎	虎	[illegible]	[illegible]
象	[illegible]	[illegible]	[illegible]	象	象	[illegible]	[illegible]
鹿	[illegible]	[illegible]	[illegible]	鹿	鹿	[illegible]	[illegible]
鸟	[illegible]	[illegible]	[illegible]	鳥	鳥鸟	[illegible]	[illegible]

文字的发展演变

成的，即所谓“摹书实物之形而为之”。因此，象形文字的特点是“画成其物，随体诘诎”，如日、月、山、水四字的形成就是模仿意指事物的特点或形状逐渐演化形成的。象形字一般都保留着原始绘画的特征，从字迹上即可辨认出该事物的形状。

（2）指事。“指事”即“各指其事以为之”，由此种构字方法写成的文字反映了事物的真实状况 。因此，用这种方法构成汉字的特点是“视而可识，察而见意”。

（3）形声。“形声”文字的构成部分为形部和声部。形部表形，声部表声。例如，“河”“湖”二字的形部均为“水”，说明该字字义与水有关；而声部的“可”“胡”，则表示了该字的读音。

（4）会意。“会意”字是将两个独立的单字组合在一起形成新的字，因而表示新的意义，即“会合人的意思也”。如“信”字由“人”字和“言”字组成，代表言而有信的意思；“公”字由“八”（古义为违背，当“背”讲）字和“厶”字上下组合在一起，意思是“背私为公”。与“信”“公”这类字，都由共同的造字法构成。

（5）转注。“转注”意即用两个同义而不同形的字互为注释。例如，“考”“老”二字，“老者考也，考者老也”，“考”字的古义是“长寿”，“老”“考”相通，意义一致 。古诗《大雅·棫朴》云：“周王寿考。”苏轼《屈原塔》诗有“古人谁不死，何必较考折”的诗句。这两句引文中的“考”字都当“老”讲。

（6）假借。简而化之，“假借”即“本无此字，依其托事”，即是一字两用。意思是随着生活的发展出现的新意义并无与此相对应的汉字，于是就借用原有的汉字来代表新生的意义 。如来往的“来”即是借用当小麦（古义）讲的“来”字；请求的“求”字即是借用了当毛皮讲的“求”字。

中国文字的发展经过了数千年漫长岁月。秦始皇统一六国后对汉字所进行的统一、简化工作，使得汉字逐渐变得统一和规范化，为书写、雕刻乃至印刷术的发明与完善奠定了良好基础。我们今天所见的规范的汉字，是在其发展中经过了数次改革才完成的。

汉字的构成与演变

一般而言，汉字的发展历程经过了古文、篆书、隶书、楷书等四个阶段的书写体例。其中，篆书又有大篆和小篆之别；隶书则分为秦隶和汉隶。根据史料可知，任何字体的诞生都是长时间使用、变化的结果。在汉字发展的历史中，除主流的字体外，亦有多种似篆非篆、似隶非隶、似楷非楷的字在相当范围内使用。春秋战国时期，各种文字都有使用，由周宣王的史官史籀创制的大篆在此时诞生；隶字萌芽于秦朝丞相李斯创制“小篆”后不久；汉字在从隶书到楷书的演化期间，也出现了许多字体，如行书。一般而言，中国文字定型于楷书诞生之后。此后出现的各种字体都是已经规划化了的楷书和隶书的变体，是为了书写方便或印刷工整而产生的，如行书、草书，以及专门应用于印刷的宋体等，与楷体和隶书并无实质的不同。根据汉字的演变过程，下面重点介绍几种字体。

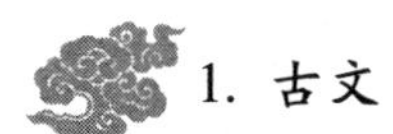

1. 古文

“古文”由于范围广泛，因而难以分类，有广义、狭义两种理解。从广义来说，小篆以前，包括大篆在内的文字被称为古文；从狭义来说，古文特指大篆以前的文字，大篆不能算作古文。根据史料得知，中国的文字从字体到应用，在秦对汉字进行统一之前都十分混乱。从古籍文献得知，周宣王的史官史籀对文字进行整理而产生了“籀书”（亦称“大篆”）。在此处，我们从狭义角度对古文进行讲述，对“大篆”另外做单独介绍。

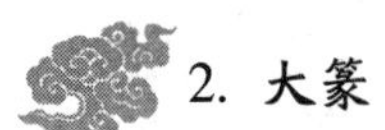

2. 大篆

在中国文字史上，史籀对文字学所作的贡献是夏、商、周三代最为巨大的。作为周宣王的史官，史籀为了简化字体，开始改变古文，另外创制新的字体。史籀著有《大篆》15 篇。大篆因区别于小篆而得名。

大篆别称籀文、籀篆、籀书、史书。史籀作于周宣王时的 15 篇《大篆》，

因其为籀所作而被称为“籀文”。“籀文”产生的基础是古文，其创制以古文为依据，所以“籀文”与古文有相同之处。如今在《说文解字》和后人收集的各种钟鼎彝器之中可以见到“籀文”的身影。“籀文”最为著名的是作于周宣王时的石鼓文。

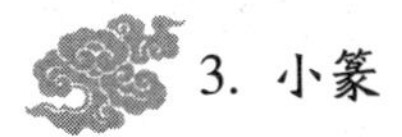

3. 小篆

小篆是由秦朝时丞相李斯所创造的，别名秦篆。秦始皇翦灭六国，统一中华大地之后，国家疆域辽阔，朝政日增，在处理各地的文书时发现文字繁杂，阅读起来十分不方便；另外，当时的情况是秦国与秦始皇灭掉的六国——楚、齐、燕、赵、魏、韩，书不同文，同样的字每个国家有不同的写法。所以，为了方便交流，秦始皇乃下令统一文字。于是，开始出现了由大篆简化而成的小篆，著作有丞相李斯的《仓颉篇》，中车府令赵高的《爰历篇》，太史令胡毋敬的《博学篇》。小篆因其字体笔锋矫健又被称为“玉筋篆”。顺应时代的发展，与大篆相比，小篆的笔画已经简化，并且小篆字数增多。文字从古文到大篆，再从大篆到小篆的变革，是中国文字史上具有划时代意义的事件。

4. 隶书

“隶书”最初由秦朝的程邈创制。程邈本是秦朝的一名县狱狱吏，后因得罪秦始皇而被关押在了云阳狱中。在狱中十多年的时间里，他苦思冥想，将小篆进行了改革，形成3000多字的隶书，并将其呈给了秦始皇。秦始皇采用了程邈创制的隶书，因其有功而将他提拔为御史。隶书的出现顺应了当时社会的需求，秦始皇统一六国之后政务繁多，用以记录信息的小篆变得越来越难以满足需求，于是比小篆更为简化、更为规范的隶书便应运而生。

一般我们今天接触到的由波磔、横捺都拖着刻刀般长尾巴的隶字只是隶书的一种。当时的隶书除这种隶字外，还有许多其他特征。

隶书的发展和完善经过了较长时间的演化，并且有许多种类。一般为人熟知的隶书有两种：秦隶和汉隶。隶书的早期形式是秦隶，而成熟时期则称

古代隶书碑帖

为汉隶。我们通常所指的隶书是汉隶中的“八分”。“八分”是在秦隶的基础上添加波磔，逐渐演化、得到规范而形成的。隶书的“八分”已经是隶书成熟的字体了，它因为其姿态优美而被人喜爱并且长期使用。

由平直的笔画代替小篆弯曲的笔画，以有棱角改变小篆无棱角的结构，是小篆向隶书转化的极为重要的第一步，这一改进为字体的书写和篆刻提供了十分便利的条件。这种演变是中国文字史上浓墨重彩的一笔，对中国文字的规范和定型起到了决定性作用。

中国的文字，在秦朝、汉初短短的几十年时间内发生了重大变化，其演变过程是从大篆到小篆再到隶书。演变速度如此之快、过程如此之短、变化如此之大并且意义如此之重大，这在世界文字发展史上都是十分罕见的。演变如此之快的重要原因就是社会发展产生的需求。统一六国之后的秦朝，百废待兴，经济发展，对于文字的改革提出了需求。更为规范、简化的字体在社会需求下便迅速地应运而生。

中国的文字，由小篆演变为隶书之后，巨大的变化体现在从字体结构、笔画到形式和构成的许多方面，并且字数也迅速增加，许多字在构成上已超出了“六书”的范围。文字的简化造成了大量文字的掌握需要靠死记硬背，字数众多也增加了掌握汉字的难度。汉末魏初，“真书”在发展了两百多年的隶书的基础上产生了，并且一直为今人所使用。真书又名“正书”“今隶”（以区别于汉隶），是人们极为熟悉的“楷书”。

5. 楷书

“楷书”，别名真书、正书、今隶。楷书中“楷”的意思是“法”“式”“模”。楷书得名与草书因草率、草稿之意而得名相反。从广义来讲，写得极为工整的篆书和隶书也可以称为“楷书”。但在此处，我们使用楷书的狭义是指自成一体、现在通用着的“楷书”，如欧阳询、柳公权等碑帖中的字是为楷书。关于楷书的首创者尚无定论，因为自魏、晋、南北朝以来的几百年时间内，楷书与隶书中的八分并行使用。而目前尚算统一的楷书的创制者是东汉的王次仲。在现存可考的文物中，可以称为“楷书鼻祖”的只有魏钟繇的《贺克捷表》。钟繇是中国历史上第一个楷书书法家。此处我们使用这一惯常的说法。

今天常见的楷书，是由“古隶之方正、八分之遒美、章草之简捷”（注：章草指“用于章程文书之上者”，是由八分隶再简约其点画，以便于书写之字体）等演变、发展而来的。楷书从三国时期钟繇作“楷书”起，至今仍然因其标准而被世人喜欢，并沿用至今。

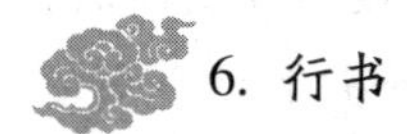

6. 行书

“行书”，是一种运笔十分自由的字体（书体），介于楷书与草书之间。《宣和书谱》说：“自隶法扫地，而真几于拘，草几于放，介乎两者之间行书有焉，于是，兼真则谓之真行，兼草则谓之行草。”张怀瓘《书断》云：“行书者，乃后汉颍川刘德升所造，即正书之变体，务从简易，相间流行，故称之行书，刘德升即行书之祖也”。由这两段材料可知，与楷书和隶书不同，行书的流动程度（运用联绵笔画的数量）因写作者的不同而有所变化。因此，行书自晋代到现在一直被广泛使用，经常出现于各种书写材料中。

7. 草书

“草书”，在多种古文字的基础上演变而成，又称破草、今草，种类有篆

书、八分、章草。草书承接于带有浓厚隶书色彩的章草，章草因其多用于奏章而得名。

章草进一步演变成为人们俗称的“一笔书”——“今草”。简化过的章草或行书构成了今天今草字中的大部分。张怀瓘《书断》解释草书为：“字之体势，一笔而成，偶有不连，而血脉不断，及其连者，气候通其隔行……故行首之字，往往继前行之末，世称一笔书者。”

草书已是汉字中较为完美的字体。出现于唐朝之后的草书新体——张旭的“狂草”，因其太过潦草、难以辨认而失去了记录和传播信息的文字的本来职责，所以只能作为艺术品来欣赏。汉字发展至草书体已没有了较大发展空间，于是，印刷字体独辟蹊径地产生了。

8. 印刷字体

本章将文字的演变发展介绍至草书已经相当完备，草书以后发展出来的印刷字体是印刷术发展史中的事情。但为了更加完整地表现中国文字的发展历史，此处还是进一步对印刷体进行简单介绍。

印刷字体——宋体是迎合了印刷技术的发展而出现的。印刷术发明以后，大量的书刊需要印刷，而先前的字体不利于快速刻版，于是，横平竖直、十分方正的宋体就出现了。宋体字发端于宋朝——宋朝是雕版印刷的全盛时代，定型于明朝，所以日本人将宋体称为“明朝体”。以后几百年时间，随着印刷业的不断壮大，长宋、扁宋、仿宋等衍生字体相继出现。雕版印刷和传统的活字印刷的发展，促进了这些新生字体的出现。近代，西方印刷术传入中国以后，黑体、美术字体等新的印刷字体在西文字体影响下又不断出现。虽然新的印刷字体层出不穷，但宋体是使用最多的印刷字体，因为宋体既适于印刷刻版，又适合人们在阅读时的视觉要求。

通过上面的论述可以得知，中国的文字从由图画或符号演变而成之后，在其漫长的演化史中经历了古文、大篆、小篆、隶书、楷书、行书、草书、宋体（印刷体）等字体。其中，从古文到楷书，已经实现了人们要求文字统一规范的需求，为印刷术的发明提供了规范化的前提。社会文化事业的发展

对文字简化、规范、美观的需求是文字演化的根本动力。在这种需求的推动下，中国文字由不规范逐渐过渡到了规范，促进了印刷术的出现和完善；印刷术发明后印刷字体的出现与成熟，以及为了印刷版面的美观而出现的黑体、标准体、美术字体等也都是因为这种社会需求而存在的。文字演变、印刷术的出现及完善的根本动力是社会的需求。

知识链接

最早出现的孔版印刷——缕花模印

孔版印刷是当今四大印刷术之一。我国最早出现的孔版印刷，是与雕版印刷的发明几乎同时甚至可能稍早一些的“缕花模印”。缕花模印的工艺方法是：先在纸板上画上图画（线条画）；用针沿图画线条，刺出一个个具有一定间距的孔洞制成印版；将孔版平铺在承印物（纸、绢、墙壁等）上，用刷子将墨刷在孔版上，使墨从孔版的孔洞中漏印到承印物上；将纸揭起即可印成图画。这种方法与现在誊印社的打字（或刻蜡版）油印的原理相同，方法相似。

缕花模印最早被佛教徒用来漏印佛像。在我国甘肃敦煌、新疆吐鲁番等地曾经发现过很多缕花模印用的孔版和印刷品。

缕花模印虽然方法简单，但它开创了孔版印刷之先河。特别值得指出的是，在敦煌发现的缕花模印印刷品中，有不少多色印刷品，这些多色漏印品的出现，以及秦汉以来采用孔版多色漏印的织物印花，必然对这套印术的产生和发展产生深远影响。缕花模印在印刷史上的地位和作用不容低估。

第二节 文字传播的载体——书籍

书籍的最早形式： 简牍

中国古代真正的书籍形式，是从竹简和木牍开始的。简牍所开创的书籍形式和制度，对后来的书籍文化产生了深远影响。“册”“卷”“编”等书籍的单位、术语，一直沿用至今。这种最古老的书籍形式，是中国古代文化史上的创举，它的材料来源广有、制作方便、轻便价廉，成为当时最理想的书籍形式。

竹简和木牍，在形式和用途上不完全相同。

1. 竹简

竹简所用的是一种皮薄节长的竹子，先将圆竹锯成一定的长度，再破为一定的宽度，削光整平后，即成为简片。然后将简片用丝绳、麻绳、细皮条等穿成分为上、下两道的形式，串联而成的简片就可以作为书写的材料了。有的书籍是将字先写在简片上，然后再依照前后顺序把简片串联成册。

竹子作为书写材料，一般是将字写在其内里，或者是把竹子的外皮削掉之后再书写。俗称的“杀青”是把竹子烤干的过程。刘向《别录》中记录“杀青”是为：“杀青者，直治竹作简书之耳。新竹有汗，善朽蠹；凡作简者，

古代竹简

皆于火上炙干之……以火炙简，令汗去其青，易书复不蠹，谓之杀青，亦曰汗简。”

我国历史上使用时间最长的书籍形式就是竹简。表示由二道书绳串联而成的简片意思的甲骨文“册”字，在商代就已经出现，后来出现了象征“册”在鼎上意思的金文“典”字。商代出现了简明的简册制度，但至今尚未发现战国以前的简牍实物。在周代的文献中记录了许多当时利用简牍传递命令和公文的资料，如《诗经》“出车”中将“畏此简书”解释为出门远征的军士迟归的原因。

春秋战国时期百家争鸣现象的出现，促进了竹简作为著书立说载体这一现象的发展。这时出现了较多关于使用竹简的记载，例如，古籍记载孔子晚年读“易”达到了“韦编三绝”的境界，意思是由于阅读次数较多，使得串联竹简的绳子多次断裂。《周礼·内史》上说：“凡命诸侯及孤卿大夫，则策

命之。”《左传》僖公二十八年称：“襄王使内史叔与父策命晋侯为侯。”襄公二十年称：“宁殖云名藏在诸侯之策。”襄公三十年称：“郑命伯石为卿，三辞乃受策。”隐公十一年称：“灭不告败，克不告胜，不书于策。”《周礼·王制》中记载：“太史典礼，执简祀奉讳恶。”《左传》襄公二十五年载：“南史氏执简而往。”在上述所引历史记载中都提到了简和策，表明竹简在春秋战国时期已成为承载政府公文和各种学术思想的重要载体。

2. 木牍

“牍”又称“木牍”，因其所用材料大多是木片而得名，它作为一种记载文字的形式与简策同时使用。竹简虽然一片只能记载一行文字，但是用绳子将其串联之后可以记载较长的文章。牍与竹简不同，它只以片的形式存在，因而只能记载极少的文字。一片木牍又称为“方”，《礼记》上说：“百名以上书于策，不及百名书于方。”这句话说明，竹册一般用以记载较长的文字，而牍则记录极短的文章。许慎的《说文解字》将牍解释为“牍，书版也”。指的是书写所用的木板。王充在《论衡·量知篇》中说：“断木为椠，析之为版，力加刮削，乃成奏牍。”这句话既提及了木牍的制造方法，也说明了木牍可以用于官员书写奏章。木牍又因为其长度约一尺而得名为“尺牍”。一片木牍可容纳百余字，并且木牍的两面都可书写。简策、木牍的形式和使用，除了历史上有大量记载外，20 世纪以来也有大量的实

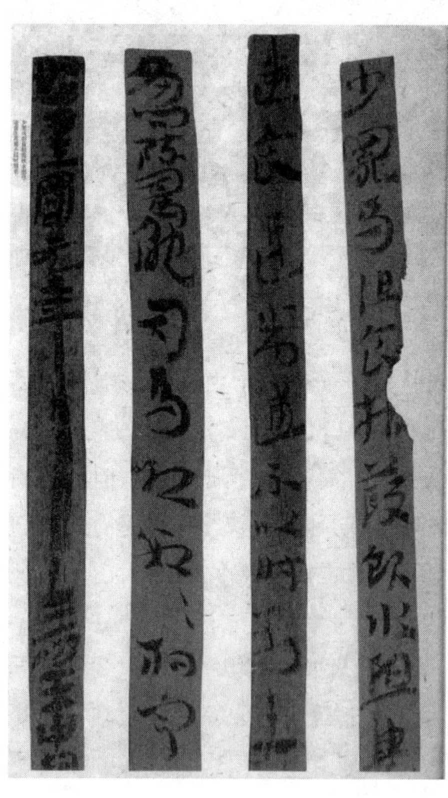

木牍

物出土或发现。

1901 年，英籍匈牙利人斯坦因第一次来到我国西部，在新疆发现了 40 枚木牍，为东汉之物。1906 年和 1913 年，斯坦因又两次来到我国西部，于敦煌、酒泉等地盗走简牍千余件，内容有文学、历书、数学及天文方面的资料。

1908 年，俄国人科斯洛夫在甘肃一带发现并盗走一批汉简。

1930 年，由斯文·赫定和贝格曼等组成的中国西北科学考察团，于居延等地发现了近万件汉简，其中有一件的系简绳还很完整。

中华人民共和国成立后，我国的考古工作者不断对古代的简牍有所发现，其数量也超过了以前的发现。

1953 年，仰天湖出土竹简 43 件，为公元前 4 世纪之物。

1954 年，长沙杨家湾出土竹简 73 件，为公元前 3 世纪之物。

1957 年，河南信阳长台关出土竹简 28 件。

1959 年，甘肃武威出土 385 件完整的东汉简牍，多为木牍和木简。

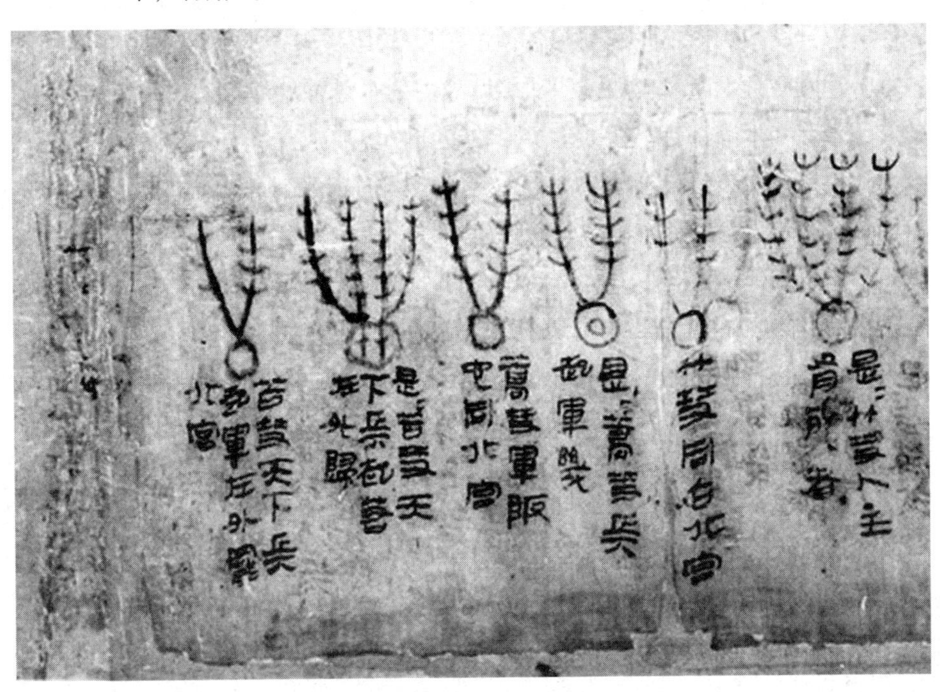

马王堆汉墓帛书中的彗星图

1966年，湖北江陵望山楚墓出土竹简30余件，为战国时楚国之物。

1972年，甘肃武威旱滩坡东汉墓中出土医药简牍92件，质地为松木和杨木。同时，在居延地区，先后发现王莽时期的简牍近200枚，多数为木简，只有少数竹简。

1978年，湖北随县战国早期曾侯乙墓出土竹简240多件，载字6000多。

1975年，湖北云梦睡虎地秦墓出土竹简1100多件，内容包括秦代的法律条文。

1973年，长沙马王堆两座西汉墓中出土竹简近千件。1972年，还于山东临沂银雀山西汉墓中出土竹简4000多件，其中有《孙子兵法》《孙膑兵法》《六韬》及《尉缭子》等书的残篇。

1977年，在安徽阜阳县西汉早期墓中出土了一批竹简，内容有《苍颉篇》《诗经》《周易》以及《年表》《大事记》等十多种古籍。

1983年，湖北江陵张家湾西汉初期墓中出土竹简1000多件，内容有律令、奏议、算术、脉书、历书等各种古籍。

上述实物的大量发现，说明从春秋战国到东汉末年的很长一段历史时期，竹简、木简和木牍都是书籍的主要形式。

公元前770年至公元前221年的春秋战国时期是以竹简为主要形式的书籍的黄金时代。当时社会思想活跃，出现了“百家争鸣”的局面，各种学说、思想如雨后春笋般出现。以孔子为代表的思想家、教育家，整理、编定了流传至今的《易》《书》《诗》《仪礼》《春秋》五经。这些书籍在当时所用的书写材料都是竹简。孔子为了打破极少数人对文化的垄断，开始兴办教育活动，教育的普及促进了“士”的知识阶层的出现，“士”阶层的出现又导致更多文化著作的出现。

帛书与帛画

帛书是一种将文字、图像绘制在丝织品上的书籍形式。帛书在纸张未发明前与竹简并存使用。由先秦的一些文献可知，帛书作为一种主要的书写材

料与竹简并存。《墨子·明鬼篇》说："古者圣王……书之竹帛，传遗后世子孙"。《韩非子·安危篇》云："先王寄理于竹帛。"《晏子春秋》上说："著之于帛，申之以策。"这些充分说明，缣帛作为书写著作或公文的材料在春秋战国时期已广泛被上流社会所使用。

帛书曾作为主要的书籍形式流行于纸张发明以前的数百年历史长河中。中国古代的丝织技术源远流长，传说养蚕缫丝技术是由黄帝的妻子嫘祖于公元前26世纪发明的。原始的丝织品和石器、陶器制成的纺轮也不断地在新石器时代遗址中被发现。殷商时代已经出现了丝、蚕、帛、桑等的甲骨文字体。通过考察安阳殷墟中出土的丝帛，可以得知当时的丝织技术与初期相比已有了很大进步。关于丝织的记载在西周时期日益增多，民间妇女采桑、缫丝以及纺织的现象在《诗经》中也有描述。

根据上述文献可以得知，中国古代的丝织技术在春秋战国以前已经存在了很长时间。丝织品不仅可以用作制衣的材料，而且是十分理想的书写材料。但丝织品因其价格高昂而难以流通，因此不如竹简那样使用普遍。

帛书使用最为广泛的时期大约为秦至西汉间。质量更高、数量更多的丝织品因为丝织技术的提高而出现，极大地方便了各种典籍、文书、信件的书写。携带极为轻便的丝织品，因为价格昂贵而只能为上层社会的人们所使用，普通老百姓则买不起丝织品。

20世纪以来，帛书和帛画的不断出土，更向我们展现了古代实物的风貌。公元1908年，斯坦因在敦煌发现两件书写在丝织品上的信件，约为公元1世纪之物。20世纪30年代至70年代，在长沙楚墓和山东临沂西汉墓中，多次发现战国至西汉时期的帛书和帛画，其中画多于书，证明了在简策时期用丝织品来绘制书籍插图的历史。

1973年出土于长沙马王堆西汉墓中的帛书，是最为有名的。该汉墓出土的帛书大多用黑墨写在丝织品上，共计12万多字，种类多达十余种，字体有小篆和隶书。出土的书籍有两种《老子》写本，共计1.2万多字的《战国策》写本，并且多是今本所没有的，比今本多4000余字的《易经》写本，另外还有阴阳、刑德等书。

简策和缣帛是同一时期并用的书写材料，简策由于造价低廉，常用作一般书籍的书写，或用作重要典籍、文书的起草。应劭说："刘向为孝成皇帝典校书籍二十余年，皆先书竹，改易刊定，可缮写者以上素也。"在竹简上书写，修改时可以用刀削去一层再重新书写，而在缣帛上书写则无法修改，凡重要的政府文典都用缣帛书写。丝织品用于书写，确为纸张发明前最优良的书写材料，但由于价格昂贵，使其广泛地应用受到限制。

在使用简策和帛书的年代，竹简用"篇"来计量，帛书则用"卷"来衡量。《汉书·艺文志》中多用"篇"来计量所记录的书籍，而以"卷"字出现的书籍则较少。由此可见，当时简策是使用量最大的记录书籍的载体。将丝织品与竹简并用于写字、画图的现象，大约出现在春秋战国时期。

世界上最早进行家蚕饲养和丝绸织造的国家是中国，但尚不能确定养蚕开始的具体时间。根据史料可知，我国的蚕丝业在殷商时代已经十分发达，开始出现"丝帛"和"桑"等字的甲骨文；另外，还有关于祭拜蚕神的记录。当时，丝绸的用途不仅是用于制衣，而且用其包裹东西。织成菱形花纹或因有刺绣图案的丝绸残片曾被考古学家在殷代铜器上发现。

丝织品的生产随着社会经济的发展而日益普遍。人们开始用帛书写字大约始于西周时期。至春秋战国时期，用帛写字的人日益增多。"竹帛"在古籍中与我们今天的"稿纸"之意雷同。战国初年的思想家墨子，曾在其著作中多次提及"著于竹帛"，意思就是将书写在竹简和帛上。这说明当时的书写材料包括了帛和竹简木简两种。彼时，帛既可用以写字，也可用以画图。我国的考古学家于1971年底到1974年春天的三年时间内，在湖南长沙马王堆的三座汉墓中挖掘出了一具已经保存了两千多年的尚没有腐烂的女性尸体，而且还出土了大量极为珍贵的文物。这些文物包括六百多根竹简，以及十分少见的彩绘帛画两幅、画在帛上的地图两幅以及帛书若干。这充分说明当时竹木简和帛是并行使用的。帛的优点是十分轻便，方便于携带和书写，并且书写在其上的字迹十分清晰。但其缺点是生产过程繁杂，价格昂贵。所以，帛书在我国古代并没有达到竹简、木简的普及程度。竹简木简过于笨重，帛价格过于昂贵，书写不便的社会现实呼唤着新的书写材料出现。于是，纸在这

种需求的刺激下，随着社会科技的发展应运而生了。

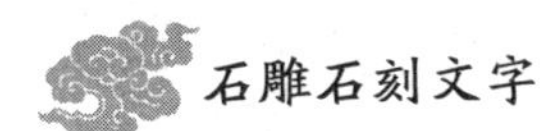

其他文字传播方式

我国的文字从出现至今，已有数千年历史。在此期间，随着社会和文化事业的发展进程，文字的传播范围日益扩大，传播手段不断改进，历经了甲骨、金文、雕石、简策、缣帛、拓石、手抄等阶段之后，进入了以印刷为主要手段，大量复制、传播文字的文化史上的新时期，使文字的传播更加准确、迅速。

石雕石刻文字

除甲骨、青铜器之外，古人还在石头上刻字，谓之“石雕”。《墨子》书中有“镂于金石”之说，可见在战国时期，在石头上刻字便已经开始流行了。现存最早的石雕要算陕西出土的石鼓了。在此前后，镌刻文字的主要对象，就从铜器转移到了碑刻上。铜器不易铸，量又少，地位也窄小，不能满足书写者们的需要。到战国初年，雍邑的石刻每篇已达数十个字，每字两寸见方，为前所未见。镌刻字数渐多，为青铜器所不及，致使石雕日益发展。到秦始皇时，更立石碑数个。穹碑巨碣比之铜还是容易得到而又便于镂刻的。所以到了汉代，青铜器上的文字日渐稀少，而鸿篇巨制就以石

《熹平石经》

碑为主了。

汉朝时的石刻，目的是让人看的。汉末时，蔡邕等刻立的石经，为历史上著名的“熹平石经”，魏时更立三体石经，以给人们以经典标准本，避免手抄本相互传抄时的谬误。从供人阅读和宣传这一点上看，石雕与甲骨、青铜器不同，在文字传播的准确性和广泛性上具有更大意义。纸发明后，特别是在蔡伦改进造纸术之后，纸便流行起来，这对文字的传播和文化事业的发展创造了极其有利的条件，起了积极的促进作用。在纸张开始流行的时代，石雕也很盛行，出现了后人所称的石头书——石经。历史上最著名的石经是汉灵帝熹平四年至光和六年（175—183 年）雕刻的《熹平石经》。熹平四年，汉灵帝命蔡邕把《易》《书》《诗》《仪礼》《春秋》《公羊》《论语》等七种儒家经典，用朱笔书写在石头上，令刻工雕刻，制成高一丈、宽四尺的石碑 46 块，立于洛阳国学鸿都门前，目的在于校正经典文字、供人观赏，以防因经典书籍辗转传抄，以讹传讹。石经刻成后，很受读书人的欢迎。据载，每天到石碑前观赏、抄写经文的车子竟达上千辆。熹平石经之后，在其影响下，历代都刻有石经传世，如三国时期的《魏石经》（三体石经），唐文宗开成二年的《开成石经》，五代蜀广政元年至二十八年（938—965 年）刻的《后蜀石经》，宋仁宗庆历元年（1041 年）始刻的《北宋国子监石经》，南宋高宗用楷书手写付雕的《御书石经》，以及清朝的《清乾隆石经》等。虽然石经的目的在于校正文字，但它产生了另一种积极影响——导致了捶拓方法的发明。

捶拓的方法，就是在碑面上铺以洇湿了的纸，用鬃刷轻轻捶打，使纸密着于石面，砸入字口，然后在纸上刷墨而复制文字的方法。因石碑上的字是凹下的，所以有文字的地方受不着墨，因此揭下来的就是黑地白字的（也有白地黑字的）读物。这种拓下来的带有文字的纸片称作“拓片”，用拓片装订成册则称为“拓本”。拓印本既不像简策那样笨重，也不像帛书那样贵重，又可以省去校对和抄写的麻烦，而且随要随拓，便于携带。这就大大方便了书籍的传播，促进了文化事业的发展。

如果把传拓方法反转过来，把石碑上的阴文改成阳文，正写字改成反写字，在版面上刷墨再行铺纸刷印，那么拓印术就进化到雕印术，雕版印刷术即可问世了。所以说，拓印是雕版印刷术的先驱。但这一反转过程，却又经过人们数百年的努力才得以实现。

2. 手抄本书

东汉时期，竹、木、缣帛还是书籍的主要材料，魏晋以后纸书渐多，直到东晋末（404 年）桓玄帝下令废简用纸，纸才取代简牍而成为普遍使用的书籍材料。现存最早的晋人写本《三国志》残卷，就是公元 4 世纪的遗物。此后直至印刷术发明初期，则是手抄本书的流行时期。由于纸的来源充分，抄写容易，使得文字、书籍的传播更加广泛。

隋唐时期是我国写本书的极盛时期。由于当时社会趋于稳定，科学技术发展较快，宗教盛行，加之封建统治者对书籍异常重视、广集图书，使得要求记录和书写的东西不断增加，同时随着手工业的迅速发展，造纸技术不断进步，为抄书者提供了物美价廉的书写材料，从而促进了抄书业的迅速发展。

3. 印本书

印刷术发明后，用印刷的方法复制文字图像这一要求，随着文化事业的发展与日俱增，使手抄、拓石等其他传播文字的方式日益减少，乃至处于被淘汰的地位。

印刷术的发明是人类文明史上的重大变革，它给人们提供了能以大量复制文字图像的复制方法和价格低廉、易得，内容及品种都日益增多的复制品，致使社会上图书数量大增，文字的传播冲破几千年来的层层禁锢，迅速向民间扩展。加之宗教和王公大臣们对书籍的重视与利用，逐渐形成了一种全社会读书、印书的良好风气，出现了人类文化史上空前的繁荣景象。

知识链接

最早应用雕版印刷的佛像——普贤菩萨像

唐朝冯贽在《云仙散录》中引《僧园逸录》说："玄奘以回锋纸印普贤像。施于四方，每岁五驮无余"。唐玄奘（唐僧、唐三藏）是人们非常熟悉的历史人物。《西游记》将他描写得活龙活现、惟妙惟肖，给人留下了深刻印象。就是这位小说中描绘的佛祖弟子唐僧，从印度取经回来后，在京城长安（今西安）大慈恩寺翻译佛经、雕印佛像，为我们留下了佛教徒最早应用印刷术印刷佛像的历史佳话。从《僧园逸录》记载的他雕印佛像、施于四方，每岁五驮无余来看，其虽印数不少，但还是供不应求。

唐玄奘生于公元602年，逝于公元664年。公元629年玄奘西游印度，公元645年回国。玄奘印刷佛像的时间约在公元645—664年，比唐太宗下令梓行《女则》稍晚一点。冯贽在《云仙散录》里引《僧园逸录》记载的"玄奘印普贤像"一事，既是现知佛教应用印刷术的最早记载，也为隋末唐初发明雕版印刷术提供了有力的佐证。

印刷术的产生

印刷工具与材料是印刷术的物质基础；印刷技术是印刷术的技术基础；书籍装订则是形成印刷成品的基础。印刷术的产生与发展，在一定程度上就是这三者起了巨大的推进作用。

第一节 印刷工具和材料

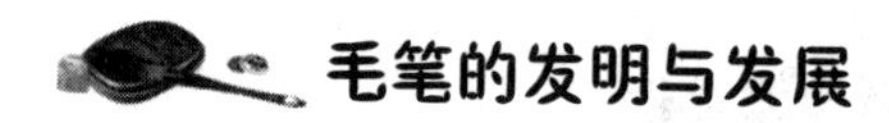

毛笔的发明与发展

毛笔也是我国古代的一大发明。毛笔的发明和普遍应用以及制笔技术的不断提高，对于印刷术的发明也有一定影响。因为有了毛笔才可能较快速地抄写文字，才可能促进书法艺术的发展，而成熟的书法则为雕版印刷提供了适用的字体。最初的毛笔曾用来描涂甲骨文的笔画，而真正用毛笔书写文字可能开始于在简牍和缣帛上书写文字。纸张使用以后，抄本书籍才大量出现，书法艺术也随之提高。抄本书由于材料便宜、书写方便，书籍数量大增，在客观上促进了社会文化的发展。由于文化向民间的普及，社会上读书人数的激增，抄本书已不能满足社会的需求，因此，人们希望有一种更快速生产书籍的方法，这就促进了印刷术的发明。

代雕版印刷的《开元杂志报》（仿制）

就雕版印刷工艺本身来说，也是离不开毛笔的，雕版之前要进行写样和插图的描样，这是雕版印刷中的一道重要工序。而将几支毛笔排列在一起，就成了刷子，这也是印刷过程中刷墨和刷印不可缺少的工具。因此，我们可以看出，毛笔对于印刷术的发明确实有着重要影响。

关于毛笔的起源，在历史上有不同的说法，而记载最多的是关于蒙恬造笔的故事。但也有人认为蒙恬只是制造过性能较好的笔，而不是笔的发明者。近代的学者大多数都认为，秦代以前，已使用简策和帛书，而这些都是用毛笔书写的，证明早在蒙恬很久之前毛笔就开始使用了。

根据出土文物和历史记载，新石器时代的一些彩陶上的花纹，有的能看出用笔的笔锋，可能就是用毛笔描绘的。商代的卜骨上有的残留书写或墨书的未经契刻的文字，笔画圆润爽利，看来是用毛笔书写的。商代甲骨文中的“[illegible]、[illegible]”字形像一手握笔的样子，这就是后来的“聿”字，即“笔”字的前身。

目前发现最早的毛笔实物是战国时期的。中华人民共和国成立后，在湖南长沙左家公山、河南信阳长台关的战国楚墓中，各发现过一支竹杆毛笔。左家公山的毛笔，杆很细，径 0.4 厘米，杆长 18.5 厘米，笔毛是上好的兔箭毛，毛长 2.5 厘米。笔的做法是：将笔杆的一端劈成数开，笔毛夹在中间，用细丝线缠住，外面再涂一层漆。毛笔出土时套在一节小竹管里。

秦代的制笔技术有了很大的改进，它已不像战国毛笔那样将笔毛夹在劈开的笔杆一端用线缠住，而是将笔杆的一端镂空，将笔毛放在镂空的毛腔里用胶粘牢。套笔的竹管中部两侧镂孔，以便于取笔。1957 年，在湖北云梦睡虎地一座秦墓（据考证为秦始皇三十年即公元前 217 年）内，出土了三支竹杆毛笔，笔杆上端削尖，下端较粗，镂空成毛腔，毛长约 2.5 厘米。三支笔都套在中部两侧镂孔的竹管里，其中一支竹管的镂孔两端有骨箍加固。1957 年，在湖北江陵凤凰山西汉墓中也出土了一支毛笔，其形式和秦笔相似。

1972 年，在甘肃武威磨咀子一座东汉中期墓中出土的一支毛笔，笔头的芯及锋用黑紫色的硬毛，外层覆以黄褐色较软的毛（可能是狼毫），根部留有墨迹，笔杆竹制，端直均匀，笔杆末端削成尖状，笔杆中部刻有隶书“白马作”三字，是制笔者的名字。在同地另一座东汉墓中也出土有一支毛笔，形制相同，笔杆上刻有“史虎作”三字，也是制笔者的名字。

蒙恬虽已证明不是毛笔的创始者，但他对制笔技术的改进还是有贡献的。我们从出土的秦、汉毛笔和历史上关于蒙恬造笔的记载对照，可以看出这和蒙恬的造笔方法是十分相似的。后唐的马缟在《中华古今注》里说，“蒙恬始作秦笔”，并且介绍了他的制笔方法，特别是笔毛所用的材料和做法进行了改进。他采用鹿毛和羊毛两种不同硬度的毛制作笔尖，使之刚柔相济，便于书写，即所谓“鹿毛为柱，羊毫为被”。汉墓中出土的毛笔，用毛的品种不但有鹿毛和羊毛，而且有兔毛和狼毫，但都是以几种软硬不同的毛相配合的，这显然是蒙恬制笔技术的遗风。

秦、汉时代的毛笔，笔杆末端为什么都要削尖呢？这与历史记载中的“簪白笔”有关。所谓“簪白笔”，就是将未用过的毛笔插在发、冠上。汉代官员为奏事之便，常将毛笔杆的尖端插入头发里，以备随时取下使用。武威出土的汉笔，出土时在墓主人头部左侧，可能原来是簪在死者头发上的。山东沂南一座东汉墓的室壁上，刻有持笏祭祀者的人物图像，其冠上插有一支毛笔。这些都进一步证明了“簪白笔”的记载。由于秦笔的一端也为尖状，可能“簪白笔”的习惯在秦代就开始了。晋代以后，“簪白笔”的制度不再流行，笔杆的一端也无须削尖，笔杆也较短些。

唐代是我国古代书法艺术的鼎盛时期，制笔技术也达到了很高水平。精良的毛笔为一代著名的书法家提供了得心应手的工具，也为雕版前的写样提供了良好条件。这时的毛笔，以安徽宣城所制的“宣笔”最为有名，其中的“鼠须笔”“鸡距笔”等都以笔毫的坚挺而称为上品。

不同风格的书法家对笔的性能要求也不同，柳公权对笔的要求是“圆如锥，捺如凿”，“锋齐腰强”。欧阳询用笔是以“狸毛为心，覆以秋兔毫”者为佳。杜甫认为，“书贵瘦硬方通神”，当然要选用笔毫坚挺的毛笔了。这说明，当时的制笔技术已能达到多品种、多性能，以适应不同风格书法对笔的要求了。

宋代以后，制笔工艺更为精良，笔的产地也遍及江南一带，而以浙江湖州所产的“湖笔”最为有名。一直到明清时，这里仍是全国制笔的中心。

墨对印刷术的影响

印刷术的主要原材料是墨，印刷过程中利用墨将印版上的图文转印到承

印物上。墨是印刷术出现必不可少的因素。

墨的使用时间早于笔。最初用于制造墨的材料都是纯天然的，有的人还把墨斗鱼腹中的墨汁当作墨用于书写或者是染色。印刷所用的墨，是由人工按照一定的工艺程序制造的。

关于墨的使用有两种说法：田真造墨说以及周宣王时邢夷造墨说。根据史料得知，墨在秦朝以前就已经出现了。因为在出土的文物中，新石器时代的彩陶上的图画是多彩的；古人先用墨华龟然后再进行烧制，制成灼鬼；殷代的甲骨文有朱书和墨书；殷墟出土的甲骨文有朱书、墨书的；出土于长沙的战国竹简上的文字墨色如今仍可见其痕迹。

战国时期的《庄子》中有关于“墨”的最早记载，“宋元君将画图，众史皆至，受辑而立，舐笔和墨”。

于 1975 年在湖北云梦县睡虎地四号古墓中出土的墨块是现存最早的人造墨的实物。该墨块颜色纯黑，呈高 12 厘米、直径 21 厘米的圆柱形。在该墓中还同时出土了一块石砚和一块用于研墨的石头。该石砚和石头上均有研磨的痕迹，并且有墨水残留，印证了《庄子》中“舐笔和墨”的说法。这充分说明，人造墨和用于研磨的石砚在秦朝以前就已经出现了。

1965 年，五锭东汉残墨出土于河南省陕县刘家渠东汉墓，其中有两锭东汉残墨保留了部分形体。这两锭残墨是由手工捏制而成的，呈圆柱形，墨块存在被研磨过的痕迹。其与时间或为秦朝或为战国末期出土于 1975 年湖北云梦县睡虎地四号墓的墨块，充分证明了我国捏制成形的墨锭在秦汉时期就已经出现。也就是说，按照一定的工艺制作而成的人造墨于公元 3 世纪之前就已经存在了。

龙鼓形墨块

除上述秦、汉墨锭外，考古学家挖掘出土的中国古代制墨的原始产品还有——在 1958 年出土于南京老虎山晋墓的晋墨；出土于安徽祁门北宋墓的唐代“大府墨”；出土于山西大同冯道真墓的元代“中书省”墨。

其中最为完整的墨制产品是元代中书省墨。这锭中书省墨埋在地下已有数百年时间，虽然已经断裂，但仍能分辨出它的完整形体来，该墨有着牛舌一般的形状，一面的图案是镌刻的龙和珠，一面刻有篆书“中书省”3 字。出土的元代以后的古墨，质地和工艺更加完美。

根据史料记载，中国秦、汉、魏、晋、南北朝时期的墨有不同的种类，分为石墨、油烟墨、松烟墨等。其中，由石油燃烧制成的是石墨；由燃油所获烟炱制成的墨是油烟墨；由松木燃烧制成的墨则称为松烟墨。古时制作墨的方法十分复杂且有所不同，具体来说，油烟墨的制作方法是，首先在装满了油的锅里燃烧易燃的烛心，燃烧时将铁盖或呈漏斗形的铁罩盖在锅上；其次将集中在铁盖或漏斗的烟炱挂下来，加入树胶与之在臼中搅拌成稠糊状；用手将稠糊状的墨团捏成一定的形状，或用模具压制成一定形状的墨锭。把由松木燃烧而成的松烟粉末与丁香、麝香、干漆和胶加工，制成的则是松烟墨。古代许多诗文都讲到了松烟的制作，例如，郑众曾说“丸子之墨出于松烟”，曹子建诗“墨出青松烟，笔出狡兔翰”。由此可见松烟墨在古代的应用十分广泛。

三国时魏国的韦诞是制作墨的名家。韦诞，字仲将，官终光禄大夫，是后汉太仆韦端的儿子，于魏嘉平三年（251 年）去世，享年 75 岁。韦诞天资过人，不仅能画善书，而且对于制笔十分精通，尤以制墨闻名，有着“仲将之墨，一点如漆”的美誉。韦诞之后的很长一段时间，由韦诞制墨方法制作而成的墨被广泛应用于书写或印刷中，这一现象导致后来许多人把韦诞当成了墨的发明者。

在贾思勰的《齐民要术》卷九中记载了韦诞的制墨配方和工艺方法：“好醇烟捣讫，以细绢筛于缸内，筛去草莽若细纱尘埃。此物至轻微，不宜露筛，喜失飞去，不可不慎。墨一斤，以好胶五两浸涔皮汁中。涔，江南樊鸡木皮也，其皮入水绿色，解胶，又益墨色。可以下鸡子白，去黄五颗，更以真朱砂一两，麝香一两，别治细筛，都合调下铁臼中，宁刚不宜泽，捣三万杵，杵多益善。合墨不得过二月、九月，温时败臭，寒则难干。潼溶见风日解碎，重不过二三两。墨之大块如此，宁小不大。”

从所引文献可以得知，去杂、配料、舂捣、合墨等工序已经出现在东汉时期的制墨工艺之中。具体来讲，“去杂”，是用筛将制墨原料“烟灰”中的杂物去掉，使材料以细粉状存在；“配料”，是将胶、朱砂、麝香、涔皮等胶和辅料与筛过的烟炱按配方比例混合在一起；“舂捣”，是把配好的料放在铁臼中进行多次舂捣，一般而言次数最少为三万下；“合墨”，是制墨的最后一道工序，即把舂捣过的墨泥按要求制成成品墨。每年制墨的最佳时间是在二月份和九月份，此时天气气温合适，适合于制墨。因为当天气气温过高的时候，墨容易变质发臭，而气温过低则使得模块不容易干燥。

中国古代墨的使用方法随着时间的推移也有所变化。秦朝以前，将墨粉与水混合在一起使用；秦汉时期制成墨丸、墨挺；汉代及以后则将墨用墨模压制成各种形状。现代依然存在模压制墨的方法。汉魏韦诞之后的 1700 多年，我国出现了许多制墨名家，制墨工艺精湛，所制的墨品质优良，种类繁多。但是，经过岁月的冲刷，能保留至今的墨则十分稀少，因而极为珍贵。

中国的墨作为“文房四宝”之一，是闻名中外的产品，制作工艺十分讲究，并且优点十分明显。墨在中国文化史上具有极高的地位，它不仅是书写、印刷必不可少的材料，具有较高的使用价值，并且因为其制作工艺精湛，同时也兼具极高的艺术审美价值和收藏价值。

中国的墨是水墨，虽然极为适合书画及雕版印刷，但不适合于金属版的印刷。原因是墨汁在金属版面上不是均匀附着的，所以印刷而成的产品质量较差。

纸张的出现与改进

1957 年 5 月，一座古代的墓葬在陕西省西安市郊灞桥砖瓦厂工地上被发现。发现之后，我国考古学家即刻对其进行挖掘，在该墓中发现了许多珍贵文物，包括铜剑、铜镜、半两钱、石虎、陶器等，其中引人注意的是压在包有麻布的铜镜下方的呈米黄色的古纸。古纸大小不一，较大的约有 10 厘米见方，还散有小的纸片。纸上面存有清晰的被麻布压成的布纹。纸和麻布因为长期与铜镜在一起，表面出现了绿色铜锈老斑。这些考古文物充分说明，纸是作为陪葬品与其他文物一起下葬的。

考古工作者对这座古墓和出土文物进行研究后断定，它们的年代不会晚于西汉武帝，离现在已经有2100多年了。

这些古纸因为是在灞桥这个地方发掘出来的，所以称为灞桥纸。

灞桥纸的制造原料是什么呢？通过对灞桥纸进行的反复检验，我国相关单位在1965年确定了它的主要原材料是大麻纤维，同时有少量的苎麻掺杂在其中。根据史料得知，大麻是我国种植的最古老的麻类。编于春秋时代的《诗经》中就有“麻”和“纻”的相关描述。“麻”指大麻，“纻”指苎麻。它们在汉朝时期都是麻纺业中的重要原材料。所以，人们把它们用于造纸也是顺理成章的。

用麻来造纸与“赫蹄”——丝绵纸的制造方法是相同的。我国古代的劳动人民因为丝绸、丝绵价格昂贵无力购买，所以常穿的衣服基本都是用麻制成的。在古籍中，“布”（指麻布）与“帛”并提，“麻缕”和“丝絮”（指丝绵）并提。当时制造麻缕是在水中进行的，与制造丝绵的方法相同。《诗经》中有这样的诗句：“东门之池，可以沤麻”，“东门之池，可以沤纻”，“沤”指的是把麻在水中进行长时间的浸泡。古代劳动人民利用在水中制造丝绵将残留在席子上的丝绵制成丝绵纸，受到该启发，将沤麻时留在席子上的细碎麻筋制成纤维纸。

褶皱的古老纸张

世界上现存最早的植物纤维纸就是灞桥纸。它的发明，是科学技术史上具有里程碑意义的事件。与一般历史书认为纸的发明者是东汉蔡伦不同，早在西汉时期出现的灞桥纸则说明我国劳动人民在那时已经开始使用植物纤维纸了。

我国出土的古代造纸，除了灞桥纸

以外，还有在 1933 年于新疆罗布淖尔出土的西汉古纸，这张西汉古纸的原材料也是麻类纤维，但是出现时间则晚于灞桥纸。

西汉时期，麻缕的主要作用与丝绵相同，主要用于制作衣服，所以，那时虽然已经出现了植物纤维纸，但麻缕并没有广泛地应用于造纸。同时，麻缕制的纸缺点是既厚且糙，非常不适合用于写字，如若像竹简、木简和丝帛一样广泛应用于书写则需要进一步的提高与改进。东汉和帝时期的蔡伦是桂阳人，现在的湖南耒阳一带即是古时的桂阳。一次较大规模的农民起义爆发于蔡伦出生的几十年前。这次农民起义在一定程度上动摇了当时的封建统治，促进了社会生产力的发展。农业和手工业在从东汉初年到汉和帝时期都获得了进一步的发展。社会经济的发展，呼唤着更高质量的纸张的产生。

蔡伦以太监的身份最初在宫中担任较低的职务——小黄门，后因得到汉和帝的垂青而被提拔为中常侍，参与国家的机密大事。他还做过尚方令，主要工作是管理宫廷用品，深入基层监督工匠为朝廷制造宝剑和其他各种器械，所以在和工匠们接触的过程中受到了劳动人民的聪明才智和精湛工艺的较大影响。当时书写材料的现状是竹简和木简过于笨重，而便于携带的丝帛和丝绵纸因为价格昂贵而不可能大批量生产。蔡伦认识到这种情况极大地限制了思想的交流和传播，于是下决心研制新的造纸方法。

蔡伦在前人造纸的基础上，带领工匠们收集大量的麻头、破布、破鱼网和树皮作为原材料来造纸。他们先将剪成碎片的树皮、麻头、破布和破鱼网等材料在水中进行长时间的浸泡，然后将其捣成浆状，其中有时还有蒸煮的工艺，最后将纸浆倒在席子上摊成薄薄的一层，晒干之后就成了纸。

蔡伦按照此种方法制成的纸十分轻便，并且适宜写字，因而很快便普及了起来。东汉元兴元年（105 年），蔡伦将其成果上呈给了汉和帝，受到了汉和帝的表扬，并将其在全国范围内普及。

当然，如此复杂的造纸技术不是一个人突发奇想的结果，在蔡伦之前的历史长河中，由植物纤维造成的纸已经存在。所以说，蔡伦是纸的发明者并不十分恰当，但应当承认的是蔡伦对造纸术的普及做出了不可磨灭的贡献。

蔡伦带领工匠造出的纸质量较高，并且因为他所采用的原材料是十分广泛且价格低廉的树皮、麻头、破布、破鱼网等，所以能够进行大批量的生产。其创新之处在于开始将树皮应用于造纸，后人受蔡伦的启发用木浆造纸。

蔡伦成功改进造纸术，是人类文化史上具有里程碑意义的事件。从此开始，大量价格低廉的纸张得以生产，为大量书籍的印刷奠定了良好物质基础。

后人不断地对蔡伦的造纸术进行改进。蔡伦之后最为出名的造纸能手是左伯，他出现于蔡伦死后大约80年（东汉末年）。左伯所造的纸张质量较高，质地细密，薄厚均匀，色泽鲜亮。但令人惋惜的是，关于左伯造纸的原材料和制作方法并没有史料记载。

造纸业在蔡伦改进造纸术以后发展迅速，纸很快便取代帛而成为晋朝时人们普遍使用的书写材料。

造纸的材料在两晋、南北朝时期范围逐渐扩大，不再仅限于树皮、麻头、破布和破鱼网等。

西晋的文学家张华在他写的《博物志》中提到：纸又成为剡藤，因为可用于造纸的古藤产自剡溪。

隋朝的虞世南在其编辑的《北堂书钞》中引用东晋人范宁的话说，土纸不可作文书，文书都是藤角纸。

宋朝的赵希鹄在其著作《洞天清录集》中提到：晋朝大书法家王羲之和他的儿子王献之经常将字写在会稽出产的竖纹竹纸上。

从上述史书记载可以知道，藤和竹子作为造纸的材料在晋朝时期就已经出现了。

那么，范宁说的“土纸”，其原材料又是什么呢？有人认为这种“土纸”的原材料就是麦秆、稻秆等粗纤维。

北方人在南北朝时期依然用楮树皮造纸。南北朝时期著名的农业学家贾思勰在其著作《齐民要术》中记录北方农民种植楮树，将楮树的树皮剥下卖钱，虽然辛苦但是收益十分可观；如果自己用树皮造纸，则利润更大。由此史料可知，当时北方人民种植楮树的主要用途是造纸，而用其造纸的重要工序就是煮剥树皮。

造纸原料范围的扩大，使得全国各地可以就地取材来造纸，极大地促进

了造纸业的发展。纸的种类、纸的质量以及生产的数量，都随着原料范围的扩大而得到了极大提高。

抄写书籍的风气随着纸张的增多而逐渐盛行起来。于是，一种用于保护书卷纸张的新方法出现了。人们在造纸的时候，将味道十分苦涩的黄蘖草药加入其中，加过黄蘖的纸张虫子不爱咬噬，因而得以保存。这种保存纸张的方法就是“入潢”，流行于唐代。

我国的造纸业至隋唐变得更加发达，这与当时政治经济的发展有着十分密切的关系。原本经济落后的江南地区，经过当地劳动人民的勤劳努力，从东晋至隋唐时期，其经济状况达到了黄河流域的水平。隋朝统一了南北朝分裂的状况。全国的农业、手工业和商业在唐朝时期获得了极大发展，经济十分繁荣。经济的发展也带动了文化事业的繁荣，唐朝文化是中国文化史上的一座高峰。迅速发展的经济、极度昌盛的文化，亟待质量更高、数量更多的纸张的出现。

我国造纸业在唐代十分发达，许多史书都记载了造纸业发展的状况，全国的许多地方都成了纸的产地。

许多大规模的造纸作坊也在此时出现。唐代皇甫枚的《三水小牍》里就曾记载过这样一件事情：位于巨鹿郡南和县亍北的一个造纸作坊，为了晒干纸张将其贴在墙上。一天，骤然而起的一阵狂风把墙上的白纸几乎全部吹下，漫天飞舞的纸张像雪花一般。从这个故事可以得知，当时造纸作坊的规模是十分巨大的。

唐代所造的纸的原材料种类很多，当时麻纸的著名产地包括益州（今四川）和扬州等。最初藤纸的生产只在剡溪，后来则逐渐推广到了浙江、江西两省许多产藤的州县。

宣纸

在唐代十分流行的纸是用楮树皮造的楮纸。唐朝文学家韩愈笔下的“楮先生”指的就是用楮树皮造的纸。

唐朝进一步扩大了造纸原材料的范围，除了麻、藤、楮等，又将海草、檀

树皮等用于造纸。

宣纸是绘画、书法的常用纸，为书法家和画家所喜爱。在现代社会，宣纸在手工纸中依然属于精品。宣纸的构成材料是檀树皮和稻草。宣纸的特点是质地坚韧，纸张洁白细密，异常柔软，经久不变色，而且具有强大的吸水能力。宣州所产的宣纸早在唐朝时期就已是有名的特产。

竹纸的产量从宋朝开始与日俱增。我国长江以南温暖湿润的气候为竹子的迅速繁殖和生长提供了有利的气候条件，所以，造纸业在用竹子做造纸原料以后得到了十分迅猛的发展。明朝科学家宋应星于其著作《天工开物》中记录了竹纸的制造方法：竹子在截断之后剖成竹片，用石灰拌匀之后浸入水塘，数日之后取出竹篮做成纸浆，然后用绑在木架上的竹帘子从纸浆面上荡过去。这样，一层纤维就会留在竹帘上，将这层纤维揭下来烘干，就制成了竹纸。

当时用石灰等蒸煮纸浆，已经是运用了化学反应的原理。竹纸造纸法已经是一套相当完整的造纸方法了。

知识链接

最早出现的印刷纸牌——叶子格

“纸牌”，在古代称为“叶子格”，简称“叶格”。是一种为人提供娱乐的牌具。我国纸牌的印刷源远流长，但关于其出现的时间尚无定论。宋朝王阍之于1095年著的《渑水燕淡录》里说：“唐太宗问一行世数。禅师制叶子格进之，言二十世‘李’也。当时士大夫晏集皆为之。其后有柴氏、赵氏，其格不一。”其中，“二十（廿）世李”由“葉”“李”二字分解而来。据此推断，早期的印刷纸牌当出现于公元649年之前。是印刷术发明后的早期印刷品之一。

一般认为，叶子格是我国传入欧洲的早期印刷品之一。由于叶子格是“欧洲最早的雕版印刷物中的一种”，在欧洲“可能是最早的纸上印刷”（卡特《中国印刷术的发明和它的西传》）。所以，对纸牌起源的研究和探索颇受西方重视。当西方确认纸牌是由东方的中国传入之后，对其传入方式和途径的研究、说法日益增多。其中，通过丝绸之路，经西亚和阿拉伯世界传入欧洲，和由蒙古军西征时直接带入欧洲这两种说法是最为可信的。当然，也还会有其他路线，由商人、士兵、传教士、政府官员，异途同归将中国的纸牌从中国传往欧洲。

叶子格式的纸牌，在我国部分地区仍在使用。

第二节 印刷术的雏形

刻、写、铸、印

印刷术的本质是一种把图文转移到载体之上的复制技术。从远古至六朝，各种刻、写、铸、印图文的技术已相当成熟，对印刷术的发明与完善具有深

远的影响和启迪作用。

1. 刻

就中国传统的印刷术而言，印版基本上是手工雕刻的，可见手工雕刻技术的出现实乃印刷之源。从世界范围看，法国旧石器时代已有雕刻而成的石壁浮雕作品。中国在距今数千年的新石器时代，产生了雕刻的岩画作品。与此同时，陶器上的图案和符号也有刻划而成的。到了商代，甲骨文和金文的雕刻技术已相当成熟。甲骨文有的是先写后刻，有的是直接镌刻上去的；金文大多是铸成的，少量是雕刻的。东周迄秦，石刻之风日益盛行，使古老的手工雕刻技术从量和质两方面都得到了飞跃性发展。中国古代的石刻文字，历史久，数量多，反映了精湛而娴熟的文字雕刻技艺。最著名的石刻文字有先秦的“石鼓文”、秦代刻石、东汉《熹平石经》、三国时魏《正始石经》。南北朝时，出现了反体石刻和凸体石刻。这些技术，与印版的雕刻更为接近。

2. 写

“写”在汉语中是个多义字，可以表示书写、誊录，也可以表示摹写、绘画。中国传统印刷术总离不开“写样”的工序，这个“写”，广义上应包括写字和绘画两个方面。人类社会先有图画，后有文字，图画和文字可以雕刻，也可以手写手绘。中国新石器时期的陶器，有不少是彩陶，图案由几种颜色组成，给印刷术中的彩色套印术以启示。而文字的书写，有甲骨文、简牍、帛书、敦煌写经等大量存世。魏晋南北朝时，中国已产生了顾恺之、王羲之等家喻户晓的画家和书法家，他们的作品原件已很难见到，但后代的名家摹本仍可让我们领略昔日的辉煌。这些绘画、书法等方面的艺术成就，在印刷术的发明与完善过程中发挥了直接作用。

3. 铸

金文是镌刻技术与古老的冶炼技术相结合，铸造或镌刻在青铜器上的

文字，常载于各种彝器、乐器、兵器、度量衡器、钱币、铜镜和金属印章之上。其中，以彝器之上载文数量最多。自商代起，青铜器上的文字就铸多于刻。从工艺技术角度讲，铸要比刻复杂，难度也大得多。唐兰先生《中国文字学》中说，商代铜器上的文字，“有些是凹下去的，有些是凸起来的，也有是凹凸相间的。凹的现在通称为阴文，凸的是阳文。这些款识（青铜器上的文字）是先刻好了，印在范上，然后把铜铅之类镕铸成的，阴文在范上是浮雕，在范母上却是深刻；阳文在范上是深刻，在范母上还是浮雕”。从现存青铜器看，大多是阴文，偶尔有阳文。铸阴文的字范应是凸起“反体”字，从外观看与用于印刷的雕版上的文字一致，说明当时已懂得文字由“反字”得“正字”的原理。需要着重指出的是，唐兰先生认为，铸于春秋秦景公时青铜器《秦公簋》范上的铭辞“似乎是用一个一个活字印上去的”。这对活字印刷术的发明理应有所启示。有人把它看作活字印刷之先河，是不无道理的。

4. 印

罗振玉认为，卜辞“印”字从爪，从人跽形，象以手抑人而使之跽，“印”之本训即为“按抑”。依罗氏之说，“印”的本义就是通常所说的按压。印刷术就是将手工雕刻印版上的图文通过施加压力转印到承印物上从而取得大量复制品的技术。自先秦到南北朝先后出现的陶纹拍印、印章捺印（也称打印、钤印、盖印）、砖瓦模印、织物印花（含孔版漏印与凸版捺印）、石刻拓印等转印复制技术，都为雕版印刷术提供了成熟的经验。

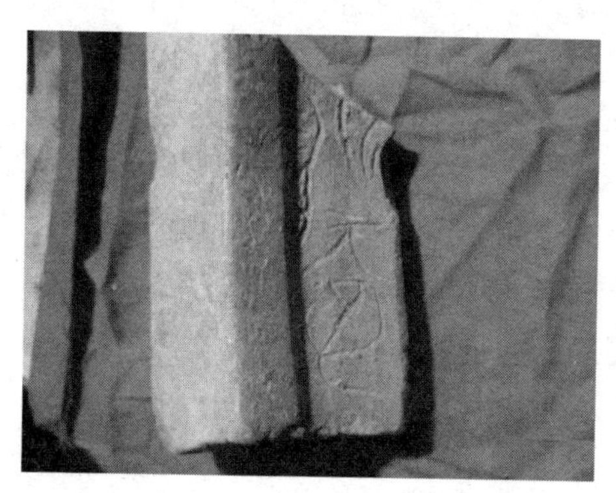

陶文拓片

（1）陶纹拍印。陶器的发明，是人类发展史上划时代的标志。现在已知最古老的陶器是捷克出土的用黏土烧制的动物小雕塑，距今约2.6万年。中国陶器之最古者，无论是北方的还是南方的，均为新石器时期之遗物。

已知较早的陶器见于湖南玉蟾岩、江西仙人洞等遗址，距今约1万年。在这些古代陶器上有图案和刻符，其中不少是描绘或刻画的，也有通过拍印技术拍印上去的，称为“印纹陶”。手工拍印装饰性花纹图案，是制陶工艺的一道工序。最初只是出于防止器物变形、加固陶坯的目的，故早期的印纹陶上多留有绳纹、篮纹、席纹和布纹等印迹。后来，随着制陶工艺的发展，纹样趋于丰富、精美，逐渐演变成刻模拍印技术，使古代制陶拍印技术大大地前进了一步。供拍印花纹图案使用的印模，迄今已发现过多种，有陶印模、雕纹龟版、石印模等。这些印模，长、宽、厚不等，形状不一，但都刻有图案花纹，有云雷纹、方格纹、水波纹、米字纹、回纹、斜条纹、叶脉纹、羽状纹等多种。据考古推断，当时的印模应以木质为多。因木质印模刻制容易，使用方便，人们理所当然地要使用木质印模。这种拍印技术具有手工刻制印模，并通过拍印而获得印迹之过程，开印模复制术之先河。

（2）印章捺印。“捺”在《汉语大字典》中被释为“用手重按”。捺印就是盖印、钤印、打印、压印的意思。在世界范围内，现在存世最早的印章是两河流域与古印度印章。公元前3500年，发明丁头字的苏美尔人，为了减少压写泥版的工作量，制作了圆筒印章。他们把文字刻在圆柱上，将圆柱在湿润的泥版上滚动，圆柱上的文字便印到了泥版上。公元前2600年，古印度出现的哈拉巴铭文印章，也主要用来在湿黏土上反复压印。

关于中国印章出现的时间学术界尚无统一认识。有人认为印章始于商朝，其证据是出土于河南安阳殷墟的数枚青铜印章。但因为它们的出土并不是经过科学的挖掘方式，所以难以确定它们的真实年代。春秋时已经有了代表权力的玺印，其佐证是在《左传》中有“玺书”一词。在纸出现以前，古代的印章主要印在缣帛或捺印封泥之上。自1822年以来，大量封泥先后在四川、陕西、河南、山东等地出土。出土的封泥年代不一，最早的是战国时期的，最晚的则晚至晋朝。封泥的主要作用是封存简牍、公文和函件。封泥的制作方法是将稠泥浆贴在捆好书绳的简牍锁口处，然后再封上提前刻好的印章捺印，从而在封泥上留下印迹。因为古代封泥的主要原料是泥土，所以封泥历经数千年依然保存完好，给后人留下了十分宝贵的文化遗产。东晋葛洪（284—363年）于《抱朴子》中记载：“古之人入山者，皆佩黄神越章之印，其广四寸，其字一百二十，以封泥著所住之四方各百步，则虎狼不敢近其内

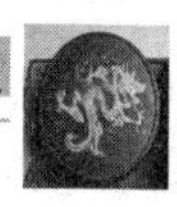

也。”这种容纳百余字的大印的雕刻方法与雕版类似。另外，在战国至秦汉的印章中有一种刻有鸟、凤、牛、虎等图像的“肖形印”，在《中国版画通史》中王伯敏先生将其比喻为小品形式的“版画”。

铸刻在印章上的文字都是反文，印出来才是正字。这种反文正印的形式表明古人已懂得反文与正字的关系。印章中有与用于印刷的雕版相同的阳文反字，其印出来的效果是白底黑字，但是其所印的版面十分有限。因此，印章捺印的诞生是印刷术源流史上一件标志性的发明。

（3）砖瓦模印。砖瓦模印是以泥土为材料转印复制文字或图案的重要手段。泥土来源广泛，故早在秦汉间已广泛使用。这些砖瓦上的文字和图案，都是在烧制之前模仿盖印方式模印上去的。从现存实物来看，模印在砖上的文字，多为与建筑相关的人名、建成日期和吉祥用语。而建筑用瓦上所印文字主要有“汉并天下”“长生无极”“长乐未央”“延年益寿”等吉祥字样。

（4）织物印花。麻布和丝绸是我国早期的纺织物。我国先民在新石器时代就已经会用麻搓线了。我国是世界上最早进行养蚕、缫丝和织丝的国家，并且在世界上一枝独秀了很长时间。中国纺织印染技术源远流长，我国劳动人民在丝织品上印制花的技术掌握于春秋战国时期。西汉初期，印花技术就已经十分成熟了。南北朝以前，我国的织物印花术大致可分为两类：孔版漏印和凸版捺印。孔版漏印是现代丝网印刷的滥觞，又分为型版漏印与刺孔漏印两类；而凸版捺印的基础是印章捺印，两者共同为雕版印刷提供了前提条件。

按照设计图案将不同材质的版材挖空，雕刻而成镂空的漏版，然后在织物或其他材料上放置漏版，用刮板或刷子在镂空的地方涂刷染料或色浆，除去镂空版，花纹便显示出来，这就是型版漏印，有人也称为“镂版印花”，其范畴属于孔版印刷。根据可靠文献和出土文物可知，型版漏印早在春秋战国时期便已经被广泛应用。我国考古学家20世纪70年代末在江西省贵溪县渔塘仙岩一带春秋战国崖墓中，出土了两块漏版印花用的刮浆板以及印有银白色花纹的深棕色苎麻布，这是到目前为止世界上出土的

瓦当拓印

最早的型版印刷文物。还有另外一种工艺方法应用于织物型版漏印，即根据设计图案，把两块版材雕刻成一样的图案，然后在两块版材之间放置织物并夹紧，再在雕空处注以色浆，印上花纹。此种工艺的特点是制造的花纹两边对称、色彩相同，并且因为有洇染而显得更加美观。此种方法是始于秦汉而盛于隋唐的夹缬印花，与仅用一块漏版进行印刷的方法（属于一般的型版漏印）不同。后世因为型版漏印的特点，较少将其用于印书，但传世的有许多在民间用型版漏印印制的年画。用笔先在硬纸板上将轮廓画出，然后再用针尖沿笔道刺成像，然后将漏版放在承印物上直接从针孔透墨印刷，这种印刷方法称为刺孔漏印。其缺点一是纹样只能呈间歇状态，二是花纹线条不细。这种方法与现代的钢板蜡纸油印术或沿用至今的丝网印刷术有相似之处。根据敦煌出土纸制漏版的作品可知，在佛教寺院中这种技术曾经十分流行。敦煌出土的纸制漏版作品是，在纸上的头大耳长的佛像排列成行，端坐于莲座之上。还有印在纸上、缣帛上以及粉过的泥墙上的漏印成品，这些图像在今天依然可见。今天的丝网印刷就是在此基础上产生的，刺孔漏印为丝网印刷的发明与发展提供了坚实基础。凸版印花的花版花纹图案呈现阳文凸起状，并不镂空。在印花时，在花版的凸纹线条上涂满颜料，然后将其在丝织物上捺印，花纹便在织物上显现出来。这种技术的特点是既能刻印出极细的花纹线条，也能刻印形成连续的纹样，并且能够多色套印。专家认为在秦汉时期凸版印花已经出现，其代表作品是于长沙马王堆一号汉墓出土的“金银色印花纱”的图案，该作品是用定位纹版、主面纹版及小圆点纹版三套凸版依次套印而成的。在广州南越王墓于1983年出土了铜质印花凸版两件，其中一件呈扁薄板状，正面呈现与松树近似的花纹，有旋曲的火焰状花纹凸起，该墓同时出土的还有一件花纹形状与松树凸版纹相吻合的白色火焰纹丝织品。这充分说明，在西汉时期我国劳动人民就已经掌握了多套色凸版印花技术。另外，可以得知当时这一多套色凸版印花技术被广泛应用，其证据是马王堆西汉墓出土的金银火焰印花纱的图案花纹，与上述南越王墓出土的青铜印花铜版上的花纹有相似之处。

可以将出现于春秋战国之后的织物印花（包括孔版漏印和凸版捺印）当做是印刷术发展的初级阶段，以后印刷术在此基础上不断得到发展和完善。“拓印”指的是将石刻上的文字复制到纸上。此种文字复制技术出现于纸张得

到广泛使用之后。“拓印”技术的具体工艺流程是：在碑刻文字上铺上一层湿润过的纸张，然后将湿纸用细毡压住，再用木锤或橡胶锤轻轻捶打毡面，使纸张凹入文字笔画中，用拓包蘸墨于纸稍干之后均匀地涂抹。由于石上的字是凹进石面的，所以凹进去的部分并没有着墨，如此一来黑底白字的复制品便形成了，这就是所谓的拓本，也称拓片。

印刷术发明以前，拓印是一种较简便的复制文字的方法。拓印方法与印刷已十分接近，它对雕版印刷术的发明有一定启示作用。拓印技术约起源于南北朝时期。梁文帝萧顺之建陵前竖立着两块神道碑，碑上铭文“太祖文皇帝之神道”八个大字，左碑为正字顺读，右碑为反字倒读。有人认为，反字用以复制碑文，作为纪念品送给前来祭祀的官员。其复制方法，正字为拓，反字为刷。此时已有以纸为承印物的拓印术。《隋书·经籍志》记载隋代宫廷的藏书中就有拓印品，并述及梁所藏石刻文字已散佚，为南北朝已有的拓印术提供了文献证据。唐代拓印更为普遍，敦煌石室遗书中的《温泉铭》，为唐太宗李世民撰书，此拓本是现存最早的拓本之一。而宋代则发展到从一切有凹凸文字、图案的器物上拓印。

综上所述，作为印刷之源的手工雕刻技术，从远古时期岩画凿刻、陶器刻符算起，历经商朝的甲骨刻辞，以及商周以来的金石铭文等长期的实践和探索，达到了印刷术中雕刻印版的技术水平。同时，绘画书写、器物铸造、印章捺印、砖瓦模印、织物印花、石刻拓印等技艺，则是印刷术中写样上板与转印图文的复制技术之先驱，为完善印刷术奠定了坚实的基础。

文字雕刻技术

最早的字符刻画，大约起源于新石器时代，在出土的这一时期的陶器上就有刻制的文字符号。如西安的半坡、甘肃的辛店等地，都发现过刻有字符的陶器。这些文字符号，有的是先在陶胎上刻画后再行烧制，有的是烧制好后再刻上字符。这种字符雕刻技术，大约起源于公元前4000年。

殷商时期的甲骨文，大部分也是刻画而成的，其雕刻刀法亦较陶文要熟练得多。有人认为，甲骨文是先用笔写上，然后照刻；而有人则认为并不书写，而是直接用刀刻成。在出土的甲骨文上，可以发现刻好的文字，有的填

甲骨文

上了朱砂或绿松石。有的专家认为，甲骨文的雕刻方法与书写的顺序不同。也许在雕刻时由上而下较为方便，所以在刻不同笔画时，按需要旋转甲骨，也可能先刻好所有的直、斜笔画，然后将甲骨横转，仍竖着刻余下的横笔画。较小的字，每一笔画只刻一刀；较大的字每一笔画须刻两刀，由笔画的外沿刻下，剔去中间部分。刻字的工具可能为动物的尖齿或较硬的石料制成。青铜器出现后，刻字工具才改用铜刀或剞劂。这种刻字刀用含锡量为20%—25%的青铜制成，具有一定的硬度。青铜刻刀的使用，为文字雕刻提供了良好的工具，也促进了文字雕刻技术的发展。

铸制在青钢器上的“金文”，虽然不是直接雕刻的，但在制范时，需要雕刻成反体阴文，这比起甲骨文的刻写来技术要复杂得多。为了使浇铸出的文字达到一定要求，字范必须要按一定的体式刻制，深度也必须统一。古代铸造青铜器，先做范型，再拼合后将铜液浇入。共范型有蜡范、泥范和陶范等。在安阳出土的许多陶范，可能是殷商时期制造青铜器的模型。周代有些青铜器上的文字，是一字一范或数字一范，然后拼合成整体。例如，出土的约公元前7世纪铸成的“秦公簋”，其上面的铭文就是由一字一范拼合起来的。这从铭文每字边缘的痕迹来看，是可以证实的。不少学者都据此认为，这种用多块字范拼组浇铸文字的方法，可能对后来的活字版印刷具有一定的启示作用，或者说是活字印刷的先驱。

在文字雕刻技术方面，更接近于印刷的，可能要算是印章了。因为它可以通过刻有文字的印章，在各种载体上复制出大批量相同的文字，而印刷技术正是具有批量复制文字的功能。由于印章盖印后要求为正体文字，因此，不管是阴文印章还是阳文印章，它的文字必须要刻成反体的，这一点也是和印刷相同的。

我国印章的起源，大约可以追溯到商代中期。在安阳殷墟出土的文物中，就曾发现过三个青铜印。在河南洛阳、河北易县和湖南长沙等地，都曾出土

过周代的各种印章。到了汉代，印章的使用就更为普遍了。在印章中，还有一种是用于泥封的。制造印章的材料有铜、金、玉石等，也有用陶料、象牙和兽骨的。

早期的印章主要用于泥封，也作为一种配带饰物。秦以后才用颜色盖印在物体上，其颜色多用朱砂制成的印泥，但也有黑色的。在敦煌发现的公元1世纪左右的绢帛，上有黑色印文。秦始皇时用玉石雕刻的象征皇权的印章称为玉玺，上刻“受命于天既寿永昌”八个字，据说是由李斯所书。到了汉代，印章的使用更为普遍，除宫廷及各级官员外，民间也很流行，材料也多种多样，并且已有用颜色盖印在织物及纸张上的。到了唐代才普遍用朱砂作印泥，盖印在纸张上。卡特说：“这种摹印的方法，自然就发展成为雕版印刷。把印章用颜色印在纸上和用雕版印刷，两者性质上并无太大差别”。

早期的印章，所刻的文字都很少。到了汉代，印章的功能有所延伸，出现了一种用于佩带、辟邪的大印，用桃木雕刻，长3寸、宽1寸见方，上刻34个字。晋代道家推出一种用于佩带的枣木符印，称为“黄神越章之印”，“其广四寸，其字一百二”。这样较大的面积，容纳较多文字的木质雕刻工艺就更为接近于雕版了。

印章对于雕版印刷来说，最有启发性的是印章的反体阳文雕刻，因为只有这种文字的雕刻方法才能印刷出正体文字来。而对雕版印刷的启示，则更为明显。对印刷术的发明影响最大的，大概就属文字石刻艺术了。因此，要搞清印刷术发明的历史源流，不能不了解一些文字石刻艺术的发展概况。早在《墨子·天志》中，就有“书于竹帛，镂于金石，琢于盘盂，传遗后世子孙者知之”的记载。可见在春秋战国时期，不但已有石刻文字，而且已通过石刻文字来记载重大事件了。

泰山石刻

现存最早的石刻文字，是《石鼓文》。它是将文字刻在十个近似于鼓形的石头上，这种形式在石刻艺术中称为“碣”。每个石鼓上刻

有一首诗，约70字，10个石鼓应共有700字，目前能看出的只有400多字。《石鼓文》的字体为大篆，近似于金文，经专家考证，为公元前256—344年秦国之物，于唐代初年发现于陕西雍县（今凤翔县）内汧水与渭水交汇之处。《石鼓文》的内容大多是记载征战和渔猎的，文体类似于《诗经》，其中有一首诗的开头是："吾车既工，吾马既同；吾车既好，吾马既宝"，这显然与田猎或征战有关。

稍晚于《石鼓文》的石刻文字，是秦惠文王时的三件石刻《诅楚文》。其中有《巫成文》(载文326字)、《厥湫文》(载文318字)、《亚驼文》(载文325字)。这三件石刻曾于11世纪出土，但目前已看不到原物了。

秦始皇统一中国后，巡游天下，多处刻石，以歌颂自己的功德。先后在山东的峄山、泰山、琅琊台、芝罘，河北的碣石，浙江的会稽等处刻石。这些石刻文为李斯用小篆体书写，它的拓片成为后来者学习篆体书法的范本。在司马迁的《史记·秦皇本记》中，最早记载了秦始皇的刻石活动。

我国古代的石刻文字，按其形式分为碣、碑、摩崖等几类。所谓"碣"是一种上部呈圆形、一面或几面刻字的石刻。石鼓及秦始皇的刻石大约就属于这一类。"碑"则是一种长方形，表面磨光后刻上文字，汉代以后才广为使用。"摩崖"则是在山崖、石壁上略加平整，刻上文字的一种石刻形式，是一种文字较大的石刻。

汉代的石刻文字更为普遍，墓碑及纪念性的石刻文字被广泛应用。西汉的石刻在历史上很少有记载，但也有人认为这可能与王莽时期的毁坏有关。东汉石刻最著名的是"熹平石经"。

"熹平石经"的雕刻开始于东汉灵帝熹平四年（175年），完成于光和六年（188年），共刻成7经46块石碑，碑高1丈、宽4尺，立于洛阳太学堂前。《熹平石经》的内容包括《易经》《尚书》《诗经》《仪礼》《春秋》《公羊传》《论语》七经，共20余万字，可称为历史上最早、规模最大的一次文字石刻工程。

《熹平石经》是由蔡邕等一批官员发起，并经汉灵帝许可而雕刻的。《后汉书·蔡邕传》说："邕以经籍去圣久远，文字多谬，俗儒穿凿，贻误后学。熹平四年，乃与五官中郎将堂谿典、光禄大夫杨赐、谏议大夫马日磾、议郎张训、韩说、太史令单飏等，奏求正定六经文字。灵帝许之，邕乃自书册于

碑，使工镌刻，立于太学门外。于是后儒晚学，咸取正焉。及碑始立，其观视及摹写者，车乘日千余辆，填塞街陌。”可见，雕刻石经的目的是重新校正儒家经典，并为学者提供准确的范本，并永久地保存。石经刻成后，立于洛阳太学之东，呈U形顺序排列，供人们前来抄录、阅读或校正自己的抄本是否有误。这实际上就是一种公开出版的经典读物，它同以往的用于记事和颂功的石刻文字显然是不同的。在雕版印刷术发明以前，这可能是一种最广泛、最快速地传播文字著作的形式和手段，而且对后来大规模雕版印刷儒家经典著作具有一定的启发作用。

参加《熹平石经》的校对、书写和雕刻工作的，有30多人。据说此石经上的文字都是由蔡邕书写的，看来也不大可能。可能的是蔡氏书写了大部分，另有别人也从事了书写。关于石经的雕刻者，目前也只知道陈兴的名字。总之，《熹平石经》是由一批文人和一批技艺高超的刻字工匠分工合作完成的。

《熹平石经》于公元183年刻成后不久，就发生了董卓之变，损毁了不少。魏文帝曹丕即位后，曾下令对此石经进行过修补。后又经战乱和多次迁移，到唐代初年，此石经仅存十分之一，目前仅存少量的残片。

魏正始年间（240—248年），也组织雕刻过一次石经，称为《正始石经》。其内容只有《古文尚书》《春秋》和部分《左传》。共有35块石碑，分别用古文、小篆和隶书三种字体书写雕刻，所以也称《三字石经》。这组石经后来也被损毁，只有残片留世。

在雕版印刷术发明前，石经的雕刻还有过几次，但规模都较小。隋末唐初，雕版印刷术已经发明，但并未普遍推广应用，儒家经典著作的传播还主要靠手抄笔录。自唐代开成元年（836年）开始，政府又组织了一次大规模的儒家典籍的刻石，于唐武宗会昌元年（841年）完工，内容为十二经，这就是有名的《开成石经》。由于它保存完好，成为后来冯道刻书的范本。

石经的雕刻后来为佛教广为采用，历代的很多寺院都从事过这一工作，其中最有名的、保存最完整的，是位于北京房山云居寺的佛教石经。当然，这同印刷术的发展已无多大关系了。

自东汉至隋唐间，文字石刻艺术十分发达。除容纳文字较多的石经外，墓碑及记事性的碑刻大量出现，各地寺庙及名山的摩崖石刻更是随处可见。文字石刻艺术的发展，一方面造就了一大批文字雕刻的能工巧匠；另一方面

也启发了人们的思路，促成了雕版印刷术的发明。

在文字石刻艺术中，正体阳文和反体阴文的刻法是比较特殊的雕刻技法，不同于普通的正体阴字。例如，在龙门石雕中就有南北朝时期北魏所刻的阳文正体石碑。

石刻文字的反体阴字，则见于六朝时期梁文帝陵前神道碑文，其中左碑为正字，右碑为反字。

这种阳字和反体文字的石刻文字，虽然在古代的石刻艺术中并不多见，但它对雕版印刷技术的发明也会产生一定影响，因为它与雕版的形式更为接近。

捶印与制印技术

捶拓，亦称拓印，是把石碑或器物表面上刻的文字或图形复印到纸上的一种方法。其操作过程是将洇浸的纸铺在刻字的石碑或铜、铁等器物上，用软刷将纸刷匀，并轻轻捶打，使纸紧贴于石面或器物表面，然后用细布包裹着的棉花团做成的拓包蘸上墨轻轻拓刷纸面。因为石头或器物上的刻字凹于表面，所以刻有文字或图形的部分就着不上墨，把拓刷完的纸揭下来，就会得到黑纸白字（或图形）的复制品。这种复制品就是拓本，亦称拓片。

显然，捶拓实质上是把刻石或刻字的器物当作印版而在纸上复印出文图来的。这一复制技术对于发明雕版印刷技术有着非常重要的启示意义。它使人们想到，可以特意把文字或图形刻在某种载体上，然后用纸墨来印制文献。当然，这还要在此基础上做大量的、长时间的探索和实践。

捶拓技术发明、发展的最重要的基础是石刻。历史上的拓片制品中，复制的刻石文字是最多的，捶拓碑文是最为流行的。前已述及，我国的刻石记事起源很早，大约在战国时期刻石就已相当流行。到了秦代，秦始皇出游各地时曾留下了许多记盛刻石。但是，

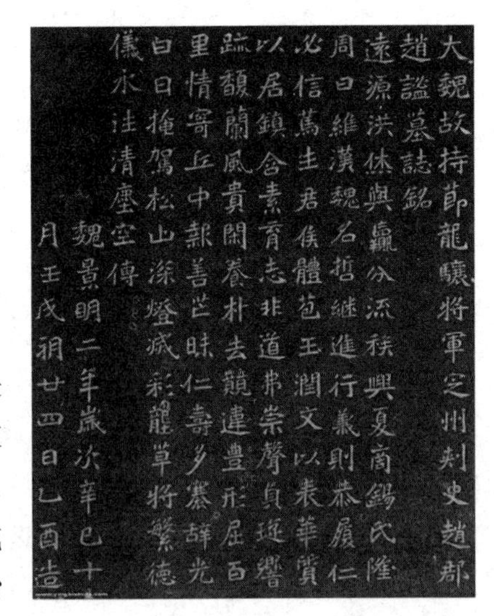
大魏故持節龍驤将軍定州刺史趙郡
趙謐墓誌銘
遠源洪休與龜分流秩與夏商錫氏隆
周曰維漢魏名哲継進行義則恭履仁
必信萬生君侯體苞王潤文以表華質
以居鎮含素育志非道弗崇聲負延響
跡顏蘭風貴閑養朴去競違豐形居百
里情寄丘中款善芒昧仁壽多寨辞光
白日掩駕松山深燈滅彩龍草將縈德
儀永往清塵空傳
魏景明二年歲次辛巳十
月壬戌朔廿四日乙酉造

拓片

被大量捶拓复制的刻石，不是先秦那些只为记事而刻，没有传播知识、信息功用的刻石，而是自东汉以后，为了传播知识和信息所刻造的许多石碑文字。西汉武帝时曾大力倡导研读今文经，而在民间却仍在大量地传习古文经，以致发生了今、古文经学派间的对立和激烈争论。到了东汉灵帝时，为了排除古文经，宣扬今文经，便于熹平四年（175 年）下令把《易》《书》《诗》《礼》《春秋》《公羊传》和《论语》七部儒家经典，共 20 余万字，刻在了 46 块石碑上，以此给世人提供今文经的标准版本。因为这些石碑刻于熹平年间，故史称“熹平石经”。自此以后，历朝历代都有刻石传文之举。三国时，魏正始年间在洛阳太学刻立了《故尚书》《春秋》和《左氏传》碑，用古文、小篆和隶书三种字体刻写，史称“三字石经”，亦称“正始石经”。唐代，文宗时期又写刻了《周易》《尚书》《毛诗》《周礼》《仪礼》《礼记》《春秋左氏传》《春秋公羊传》《春秋谷梁传》《孝经》《尔雅》《论语》十二部儒家经典，史称“开成石经”，至今尚存于西安碑林中。其后，五代有“广政石经”，北宋有“二体石经”，南宋有“高宗御书石经”。清代乾隆则刻碑 189 块，把十三经全部立石。从东汉开始，经典的保存和传播采用刻石的方法，但是典籍中并无用拓碑方法保存和传播典籍信息的捶拓技术出现确切年代的记载。根据科学发展规律来推断，捶拓技术的出现应在造纸技术发展至纯熟地步并且出现较高质量纸的时代。《隋书·经籍志》中收录有 1 卷《秦始皇东巡会稽刻石文》、17 卷《曹魏三体石经》和 34 卷《熹平石经残文》等。作于公元六七世纪的隋代拓本的拓印技术是沿袭前朝的。根据此信息可以得知，在东晋或者晚至南北朝时期就已经出现了拓印技术，并且东晋以后出现的高质量的纸完全能满足拓印技术的要求。

大量的石刻文献是拓印技术得以复制资料的前提基础。但是因为刻碑工程繁重，并且需要耗费巨大的人力、物力，所以捶拓技术虽已发明，但是至南北朝时期通过拓印而复制的资料十分有限，至隋唐时期，更多的书籍仍以手抄的形式传播。人们继续努力在寻求更为简便、廉价的传播书籍的技术。

在发明印刷术的过程中，制印技术同捶拓技术一起极大地启发了人们的思想。这两种技术的阴阳和正反刻字技术给了人们以启发，使得印刷术的出现进一步靠近了人们的视野。

据史料记载，在木板或木柱上刻字在东汉时期就已经存在。在隋唐时期甚至以前，人们利用拓片把存在于石碑上的文字描在木板上，将其刻下之后用入碑文般的木板进行二次“传拓”。《隋书·经籍志》就记载了“相承传拓之本，犹在秘府”的史实。虽然此处没有说明用于“传拓”的刻字是用什么工具刻制而成的，但说明将碑文刻下再拓印在隋朝或之前就已经存在。这种二次拓印技术形成了初期的“制版”技术，即先制版而后再进行拓印，这是在捶拓和制印基础上向印刷术发展所取得的阶段性进步。唐代诗人杜甫《为李朝八分小篆歌》中有“峄山石碑野火焚，枣木传刻肥失真”的诗句。这种先将石碑文字刻在枣木板上然后再进行传拓的工艺，与直接在石碑上拓印相比，多了一道工序——刻制木板。与后来发明的雕版印刷术印书相比，传拓的版仍为阴文正字，仍然是同在石碑上捶拓一样把纸贴于版上捶拓，拓印出来的仍然是黑地白字。而雕版印书，则是在木板上刻上阳文反字，然后把版着上墨并反盖到纸上，印出来的是白地黑字的书。从传拓到雕版印刷的这一正一反、一白一黑的转变，又让人们琢磨、探索了几百年。而实现这一转变的中间技术，就是制印技术。因为制造印章就是在载体上刻制阳文反字，着上朱墨后反转来扣在纸上，从而得到白地黑（红）字的。

制印技术起源于新石器时代制陶时使用的印模工艺。到了战国时期，印章就较为常见了。《周礼》中就有关于“玺”的记载，“玺”即印章。到了后来，只有皇帝之印称“玺”，普通人用的印称“印”。印章的制作和使用也有发展变化，秦汉以前的印章多为阴文，其后多为阳文。汉代使用印章，多盖在封泥上，用以封检奏章，故称“印章”。自东汉纸张通行后，才开始把印用水色盖在纸上。就这样，人们得到了一种利用反刻阳文而在纸上取得复印文字的方法。慢慢地，人们逐渐扩大印章面积，增多了刻字。据东晋葛洪《抱朴子·内篇》载：“古之入山者，皆佩黄神越章之印。其广四寸，其字一百二十。”这样的印章盖到纸上，得到的就是一篇短文了。它简直就是一小张雕版。在唐代的文物中，有许多“千佛像”，就是在一张纸上印制一排排小佛像，显然是用印模在纸上连续盖印的，这就是初期的版画了。英国博物馆里就收藏有我国唐代印造的这样一件艺术品，上面印有小佛像 486 个。这种利用大面积、多字数印章得到复印文字，或经多次盖印得到许多相同图像的技术，可以看作印章技术向雕版印刷技术的过渡形态。

捶拓是刻阴文正字于石，把纸铺贴到石版上复制文字；印章则是刻阳文反字于木，而反盖于纸上复制文字。而把二者结合，采用印章刻阳文反字的

制版法，利用捶拓把纸铺贴于版的印刷法来得到复印的文字，这不就是雕版印刷了吗？

另外，汉字的发展及其书写艺术也在不断地向着有利于雕刻上版的方向前进，为印刷术的发明创造着条件。我国远古时期的象形文字，难写难认。到了战国时期，汉字发展为大篆，秦汉时又发展为小篆，尽管有了进步，但仍是书写、识别均不便利。到了魏晋时，汉字的楷书体出现，比起以前的古汉字在识别和书写上方便多了。这时还出现了像王羲之等一些书法家，利用书法推进了汉字书写艺术和向定型方向发展。而唐代则出现了诸如欧阳询、颜真卿、柳公权等一大批技艺高超的书法家，他们的楷书艺术使汉字基本定型，自此便再没有大的变化。汉字的楷书字体便于书写，易于识别，用于印造图书，不但便于写版、刻版，而且书面文字端庄舒展、美观大方，富于艺术魅力。

有了我国几千年灿烂文化的丰富积累和由此带来的迫切的历史需要，有了墨、纸等物质条件，有了捶拓、制印和书法技艺等技术基础，印刷术的诞生便是情理之中的事情了。

最早的印刷报纸——开元杂报

我国最早出现的报纸叫邸报，是手工抄写的。印刷术发明后，我国最早出现的报纸是《开元杂报》。最早记载《开元杂报》的是唐朝的孙樵（字可之、隐之）。其在《孙可之文集·读开元杂报文》中说："于襄、汉间得数十幅书，系日条事，不立首末。其略曰：某日，皇帝亲耕籍田，行九推礼；某日，皇帝自东封还，赏赐有差；某日，宰相与百僚廷争一刻罢。如此凡数十百条，未知何等书。有知书者自外来，曰此皆开元政事，盖当时条报于外者。樵后得《开元录》验之，条条可复。"比欧洲最早印刷的报纸要早900年，是印刷术发明后的早期印刷品之一。

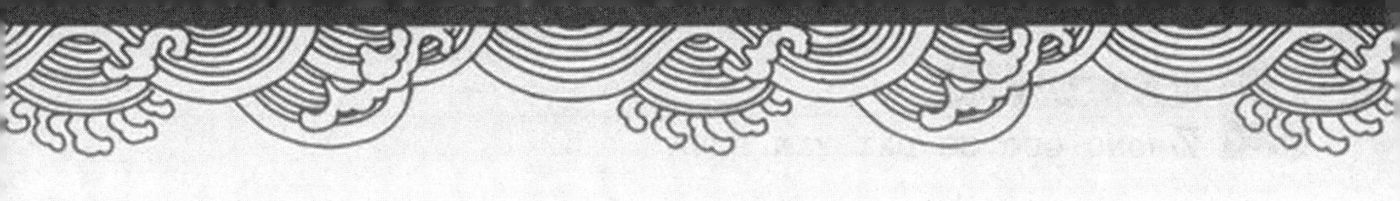

第三章

印刷术的始兴——隋唐五代的印刷术

隋唐是我国封建社会的一个繁荣时期，政治经济文化飞速发展。而在隋唐的统一和政治经济文化繁荣的大背景下，雕版印刷术应运而生，并得以推广，我国的印刷术进入一个崭新的时期。

第一节 雕版印刷术的发明

雕版印刷的含义

将文字、图像雕刻在平整的木板上，再在版面上刷墨，覆上纸张，用干净刷子轻轻刷过，使印版上的图文清晰地转印到纸张上，这就是雕版印刷。

关于雕版的名称，在古代的有关文献上有着各种不同的称谓，常见的有镂版、刻版、刊版、墨版、椠版、梓版等。其中“椠”是沿用了古代片牍的名称，而“梓”则是因梓木为雕版的重要材料而得名。雕版印刷有时也称为“付椠”“付梓”或“梓行”“刊行”等。关于版字，在古代的有关出版、印刷的文献中，往往是“版、板”通用，而用得较多的则是“板”字。宋代叶梦得在《石林燕语》一书中最早使用“版本”一词。《宋会要辑稿》中有“既已刻版，刊改殊少”。使用的也是“版”字。到了清代，在出版、印刷的著作中才普遍使用“版”字。在本书中，除了引用原文时使用“板”字外，凡谈到印版时都使用“版”字。

雕版所用的材料，是选用纹理较细的木材，如枣木、梨木、梓木、黄杨木等。根据印刷品的精细程度，再选用不同硬度的木材。

雕版印刷的工艺过程是：先请善书人写版，将写好的稿纸反贴在木板表面，给以压力，使文字或图像呈反向转移到木板上；再由刻字工匠雕刻成反向凸字，校正无误后即可进行印刷。印刷时，先将印版固定于台面上，用刷蘸墨均匀地涂

刷于印版表面，再覆上纸张用干净刷子轻轻刷过，揭下纸张即完成了一次印刷。

早期的雕版印刷，工艺是十分简陋的，一般只是单页的小型印刷品，如一首诗、一幅图画等。只是随着雕版印刷技术的不断发展，才开始印刷篇幅较大的著作。

关于雕版印刷的版式，也是随着成品的形式而不断变化着的。在印刷发明的初期，印刷品都是单页的形式，版式也很不固定。根据五代的印刷品推测，玄奘所印的佛像，也可能是一种上图下文的形式，版面呈矩形，很符合黄金分割的比例。后来出现了整卷佛经或整部书的印刷，仍采用写本的卷轴装帧形式，版面除高度要求统一外，其宽度比较随意，一般以一张纸的大小为准。唐代后期，又出现了旋风装，是卷轴装的一种改进。经折装和册页装出现后，由于版面的大小需要统一，版面形式也逐渐统一了起来。

雕版印刷术不仅是一项综合技术，也是技术和艺术相结合的产物。从技术上说，它需要有精湛的文字、图画的雕刻技术，刷印技术和成品的装帧技术；从材料上说，它需要有高质量的纸张和印墨；从艺术性上说，它需要有书法艺术、绘画艺术和装帧艺术的配合。它的产品本身不仅有供阅读、传播知识的价值，也具有艺术欣赏价值。因此，我们可以认为，印刷术是相关技术和艺术发展到一定水平的产物。

雕版印刷是人类历史上最早的批量、快速复制文字和图像的技术。后来出现的其他各种印刷方式，都是在雕版印刷的基础上，并应用了科学技术发展的其他有关成果而发展起来的。到目前为止，虽然印刷技术已发展到很高水平，印刷方式多种多样，印刷的质量和效率都不能和雕版印刷同日而语，但其印刷的基本原理仍相似于雕版印刷。这个基本原理就是通过印版，

雕版印刷的古籍

将需要复制的文字和图像转印到承印物上。

在关于印刷术的定义中，有一个极重要的内容，那就是量的概念，这往往是印刷术区别于其他复制图文方式的分界线。在量的概念中有三个方面内容：复制的效率、复制的总成本和复制品的容载量。对于印刷术来说，这三个方面是缺一不可的。因此，在印刷术发明以前，尽管出现过多种复制文字、图像的方法，但都不能满足上述三个方面的要求，所以还不能称作印刷术。例如，印章虽能快速复制，但其容载量是远远不够的；碑刻的拓印虽可容载较多内容，但其复制的效率和成本都难以满足对印刷的要求。鉴于这种情况，这些早期复制文字、图像的方法还不能称为印刷。印刷术的真正历史，应当从雕版印刷开始。当然，以前的各种复制方法都为印刷术的发明提供了某种启示和经验。

雕版印刷术产生的年代

雕版印刷术发明于何时？学术界曾有过多种说法，归纳起来大致有七种，即汉代说、东晋说、六朝说、隋代说、唐代说、五代说和北宋说。其中汉代、东晋、六朝三说，时间过早，证据不足，从目前来看难以成立。隋代说也因误解文献而信者不多。五代说和北宋说则早已被发现的唐代雕版印刷品实物所推翻。目前，只有唐代发明说，既有文献记载做书证，又有印刷品为物证。所以，可以认定，雕版印刷术是唐代发明的。

据文献记载和已发现的印刷品实物分析，唐初就已经发明了雕版印刷术。

明代史学家邵经邦《弘简录》卷四十六载称：“太宗后长孙氏，洛阳人……遂崩，年三十六。上为之恸。及宫司上其所撰《女则》十篇，采古妇人善事……帝揽而嘉叹，以后此书足垂后代，令梓行之。”梓行，就是刻版印行。此事发生于贞观十年（636 年）。唐末冯贽《云仙散录》卷五引《僧园逸录》说：“玄奘以回锋纸印普贤像，施于四方，每岁五驮无余。”考玄奘于贞观十九年（645 年）由印度取经归来，麟德元年（公元 664 年）圆寂，所以其雕印普贤像当在公元 645—664 年。这两条文献记述的印刷事件发生于公元 7 世纪 30 年代至

60 年代，正是唐代初期。这说明唐初便已有了雕版印刷技术。

对于上述文献记载，学术界尚有疑惑。有人认为《弘简录》是明代人的著作，不足以说明唐代的问题。至于《云仙散录》，则因其实际上是宋王铚的伪作，也不足为证。因此，这两条书证似乎不能算作确证，但又难以完全予以否认，因为不管是明人著作还是宋人伪作，都不能排除其写作之时有我们今天看不到的文献或其他依据。

尽管唐初说的书证有不足之嫌，但是自 20 世纪 60 年代以来发现的中唐前期印造的、技术接近成熟的雕印品实物，为唐初说提供了较有力的物证。

1966 年 10 月 18 日，在南朝鲜南部庆州佛国寺释迦塔内发现有汉字印刷的《无垢净光大陀罗尼经》。印品上虽无日期，但学者据其使用了武则天创用的“制字”及该寺完工于公元 751 年等史实考证，认定它是在武后长安四年（704 年）至天宝十年（751 年）间雕印的。美国学者富路特在《关于一件新发现的最早印刷品的初步报告》中说：“这一切，仍然说明中国是最早发明印刷术的国家，印刷术是从那里传播到四面八方的。”这件印刷品与在我国发现的咸通九年（868 年）雕印的《金刚经》的雕版和印刷方法完全一样，但比它至少早了 120 年。专家们认为，这是件印刷技术接近成熟时期的产品，说明雕版印刷术的初始阶段的时间还应提前，至少在唐初就有了雕印技术。

此外，日本研究中国版本目录学的著名学者长泽规矩也说，日本藏有我国新疆吐鲁番出土的《妙法莲花经》，文中也有武则天创用的“制字”，说明其为武则天时期（684—705 年）的雕印品。这也是一件印刷技术比较成熟时期的印刷品，它亦说明雕印技术在公元 7 世纪初（即唐初）就已经诞生了。

木刻雕版

事实上，印刷术发明之后到见之于文献记载之间又要有一段时间。也就是说，待到文献记载此事时，其技术早已发明应用多时了。

再者，纸印刷品很难保存，不要说初期的少量印品今人难得见到，就是到了唐末、五代时雕印品已很多了，能见于今日者也是凤毛麟角。基于此，尤其是有上述文献和实物为证，把雕版印刷术发明的时间定于唐初是不成问题的。

公元 9 世纪到公元 10 世纪，亦即到了唐中后期，雕版印刷术已经发展得较成熟了，使用也开始多了起来。这一时期关于雕版印刷的记载就比较多见了，例如：长庆四年（824 年），诗人元稹为白居易《长庆集》作序说："《白氏长庆集》者，太原人白居易之所作……二十年间禁省观寺，邮侯墙壁之上无不书，王公妾妇，牛童马走之口无不道。至于缮写模勒，炫卖于市井，或持之以交酒茗者，处处皆是。"元氏还作注说，"杨、越间多作书模勒乐天及余杂诗，卖于市肆之中也。"清代学者赵翼认为，"模勒"即刻版印刷。后世学者也多同意此说。从元稹的口气看，到唐中期长庆年间，版刻印书已经十分兴盛。

《旧唐书·文宗本纪》记载，大和九年（835 年）十二月"丁丑，敕诸道府，不得私置历日板"。这说明唐中民间已采用雕版印刷日历，所以政府才下令禁止。

唐司空图《司空表圣集》卷九有《为东都敬爱寺讲律僧惠确化募雕刻律疏》一文，题下注有"印本共八百纸"文字。"印本"显然是用刻版印刷的。文中所说的，是指唐武宗会昌五年（845 年）因禁佛而烧毁大多佛经印本，现在要募款"雕锼"的事。此文写于咸通末至乾符六年之间，即公元 873 年至公元 879 年间。由此可见，公元 9 世纪时佛教经典便已大量雕版印行。

范摅《云溪友议》卷十一有："纥干尚书臮苦求龙虎之丹十五余稔，及镇江右，乃大延方术之士，作《刘宏传》，雕印数千本，以寄中朝及四海精心烧炼之者……"据考，纥干臮于大中元年至三年（847—849 年）任江南西道观察使，他把道家修炼之书雕印送人也在此时。可知，公元 9 世纪中期道家著作也已雕版流传了。唐人柳玭在其《家训序》中写道："中和三年癸卯（883 年）夏，銮舆在蜀之三年也，余为中书舍人。旬休，阅书于重城之东南。其书多阴阳杂记、占梦、相宅、九宫、五纬之流，又有字书、小学，率雕版印纸，浸染不可尽晓。"柳玭是随唐僖宗逃去成都的。从他的记述中可以看出，

此时民间雕版印刷业已十分发达。

除以上唐人著作所记之外，宋代也有关于唐代雕版印刷情况的记载，例如，北宋王谠笔记《唐语林》写道："僖宗入蜀，太史历本不及江东，而市有印货者，每差乎朔晦。货者各征节候，因争执。"这里所记四川因民间印售的日历节气不一样而发生争执的事，与上述柳玭所述系同时、同地的雕印情况。又如，朱翌《猗觉寮杂记》卷下说："雕版文字，唐以前无之。唐末益州始有墨板。"宋代著名藏书家叶梦得、科学家沈括、文学家欧阳修等人，也都有关于唐代使用雕版印刷术的文字记述。

从文物的角度来考察，现在可以见到的最早的印刷品也出于唐代。

除前述1966年在南朝鲜庆州释迦塔发现的长安四年至天宝十年（704—751年）间雕印的《无垢净光大陀罗尼经》外，20世纪初发现于敦煌石室的唐咸通九年（868年）雕印的《金刚经》，是目前世界上标有确切雕印日期最早的印刷品实物。这件印经是用7张纸粘连成一长卷的，全长16尺、高1尺。其前为一幅内容是释迦牟尼在祇树给孤独园向长老说法的图画，题为《祇树给孤独园》，构图和谐，线条流畅，镂刻精美，是一幅雕版和印造技术比较成熟的作品。图后为《金刚经》全文。卷末题有"咸通九年四月十五日王玠为二亲敬造普施"字样。整个印品，刀法纯熟，墨色均匀，印刷清晰。这一杰作，绝不是印刷术发明初期的产物。它说明，公元9世纪中期以前雕版印刷术早已发明，而到公元9世纪中雕印技术已经发展得比较成熟了。这一珍贵文物于1907年被英人斯坦因盗走，现存英国伦敦大不列颠博物馆。

唐乾符四年（877年）历书，是现存最早的刻本历书。书中除记有节气、大小月及日期外，还兼记阴阳、五行、吉凶、禁忌等情况，与宋、元、明、清的历书内容相类似。现存残本唐中和二年（882年）历书，残页上印有"剑南西川成都府樊赏家历"字样。这与前述柳玭《家训序》和王谠《唐语林》中记载的为同一时期四川的雕印实物。

从上述文献记载和雕版印刷品实物来看，到公元9世纪中，即唐代中期，雕版印刷术便已经发展得较为成熟了。这不仅进一步证明了唐中以前，即唐代初期就发明了印刷术，而且说明印刷术最早诞生于民间，是劳动人民最先

发明和使用的。因为即使到了唐中期以后，不论是见于文献记载，还是发现的实物，不论是“炫卖于市井”“持之以交酒茗”的白居易的诗本及柳玭所读到的“阴阳、杂记、占梦、相宅”一类杂书，还是王玠“为二亲敬造普施”的《金刚经》以及乾符年间的日历，都是民间刻的书，民间用的书，而不见官方刻印的正经正史著作。据宋《册府元龟》卷一百六十“帝王部”“革弊第二”记载，唐文宗时东川节度使冯宿曾奏请禁止印卖历书。他在奏章中说：“剑南两川及淮南道皆以版印历日鬻于市，每岁司天台未奏颁下新历，其印历已满天下，有乖敬授之道。”文宗接受了冯宿的建议，“敕诸道府，不得私置历日版”（《旧唐书·文宗本纪》）。这也正说明雕版印刷术最早是兴起于民间的，是劳动人民首先发明了印刷术。

要确切地认定印刷术发明于某年，事实上很困难。这首先是因为印刷术同造纸技术一样，是一项非常复杂的技术，只能是逐渐地由刻石、捶拓和制印等复制技术一步步演进而成，需要一个漫长发展过程，不可能在某一天里突然出现。因此，也就很难找出一个截然的时限来。其次印刷术最初是由最接近生活、生产实践的劳动人民发明的，并先在民间局部地域的小范围内使用，然后才逐渐推广、发展起来的。只有它的使用具备了相当规模和影响时，才有可能被载于文献，因为那时候的文化、文献是被上层社会所把持的。所以，仅仅根据现在能见到的文献记载的时间去断定印刷术的发明时间，肯定是要落后于实际的。因此，后人也就只能在文献记载和实物印证相结合的基础上，分析、推断出印刷术发明的大致时间。

正是基于这样的方法，人们得出了结论：雕版印刷术发明于唐初，较成熟于唐中，大规模地使用始于唐末和五代。

雕版印刷术的技术工艺

关于雕版印刷的技术与工艺，在历史文献中几乎是一个空白。在少数文献资料中，也多为片言只语地记述一些印书的名称、印刷的时间和地点，以及印刷出版者的姓名、堂号，而对印刷的技术及工艺则很少谈及。鉴于这种

情况，不能不为我们研究古代，特别是雕版印刷术发明初期的技术和工艺带来很大的困难。

对于印刷史来说，其技术、工艺的发展应当是研究的重点。特别是雕版印刷，是世界上最早出现的印刷技术，在我国使用了一千多年，我国历史上的大量书籍就是采用这种印刷方法才得以流传和传播的。因此，进一步收集这方面的史料，进行深入的研究，是中国印刷史今后研究的一个重要课题。

雕版印图

雕版所用的材料，必须选用纹理细密、质地均匀、加工容易、资源较广的木材。在文献记载中，雕版所用的木材，有梨木、枣木、梓木、楠木、黄杨木、银杏木、皂荚木以及其他的果树木等。为了就地取材，北方刻版多选用梨、枣等木；南方刻版则多选用黄杨、梓木等。枣、黄杨等较硬的木材，多用来刻较精细的书籍及图版，而梨、梓等硬度较低的木材则往往是刻版最常选用的材料。

为使刻成的印版不变形，早期雕版要选用经长期存放干透的木材，这样刻成的印版即使存放多年也不会翘曲变形。后来，才采用水浸及蒸煮的方法来处理刻版用木材。其具体方法是将现成的板材，在水中浸泡一个月左右，再晾干备用。浸泡的目的是使木材内部的树脂溶解，干燥后不易翘裂；如遇急用可将木板在水中煮三四小时，再在阴凉处使其干燥。木板干燥后，两面刨光、刨平，用植物油拭抹板面，再用茇茇草细细打磨，使之光滑平整。

早在雕版印刷发明前，石刻文字便已经有相当长的发展历史了，各种雕刻工具已经发展到很高的水平，为木板雕刻创造了良好的条件。

我国古代的冶金技术在世界上处于领先地位，早在殷商时期就能用青铜

制造各种器具和工具了。大约在周敬王七年（513 年），已经开始用生铁铸鼎。1976 年在湖南长沙出土了一把春秋末期的钢剑，经分析是含碳量 0.5—0.6% 的中碳钢，并经过锻打而成。从战国时期遗址的出土文物中，证明当时人们已能掌握一些热处理技术，以制造不同硬度的金属工具。到了战国后期，农业和手工业使用的工具已普遍用铁器了。古代先进的冶金及铁器制造技术，也为石刻文字和木板雕刻提供了优良的工具。

雕版所使用的工具主要是刻刀，其形状、大小有各种规格，雕刻不同大小的文字和文字的不同部位都要选用不同的刻刀。在雕刻版内的空白部分，还需要不同规格的铲刀、凿子等工具。另外，还需要锯、刨子等普通木工工具和一些附属工具，如尺、规矩、拉线、木槌等。

印刷所用的工具，除台案外，还有印版固定夹具、固定纸张的夹子，以及各种规格的刷子。

关于早期刻版印刷的工具，在古代文献中未见记载，我们只能从现在的这些工具去推断古代工具的情况。一般认为，古代的工具和现代的工具相比，可能只是材料以及加工制作精度的不同，其形状变化不大，其工艺和制作更加简洁、实用。

雕版的工艺过程分为写版、上样、刻版、校对、补修等步骤。当最后校正无误后，才能交付印刷。

写版又称为写样，一般是请善书之人书写，使用较薄的白纸，按照一定格式书写。为了保证刻成的版没有错误，对写出的版样应先行校对，对于校出的错字要用修补的方法改正。等版样无误后，才能进行上样。早期雕版印刷的规格，多沿用写本的款式，规格比较自由。到宋代以后，随着册页装订的使用，版式才得以逐渐定型。

上样也称上版，就是将写好并校正无误的版样反贴于已加工好的木板上，并通过一定的方法，将版样上的文字转印到木板上。上样有两种方法。一种是在木板表面先涂一层很薄的糨糊，然后将版样纸反贴在板面上，用刷子轻拭纸背，使字迹转粘在板面上。待干燥后，轻轻擦去纸背，用刷子拭去纸屑，再以茇茇草打磨，使版面上的字迹或图画线条显出清晰的反文。刻字工匠即

可以按照墨迹刻版了。另一种方法是写版者用浓墨书写，板面用水浸湿，将写好的稿样反贴于板面上，用力压平，使文字墨迹转移到板面上。将纸揭去后，板面上就留有清晰的反体文字，但其文字的清晰度不如前一种方法。所以，雕刻精细版面还是多用第一种方法。

上样后即可刻版，这是关键的工序，它决定着印版的质量。它的任务是刻去版面的空白部分，并刻到一定的深度，保留其文字及其他需要印刷的部分，最后形成文字凸出而成反体的印版，这就是我们现在所称的凸印版。雕刻的具体步骤如下。先在每字的周围刻画一刀，以放松木面，这称为“发刀”，用刀时以右手握刀，左手拇指抵助，引刀向内或向外推刀，然后在贴近笔画的边缘再加正刻或实刻，形成笔画一旁的内外两线。雕刻时先刻竖笔画，再将木板横转，刻完横笔画，然后再顺序雕刻撇、捺、钩、点。最后将发刀周围的刻线与实刻刀痕二线之间的空白，用大小不同规格的剔空刀剔清。文字刻完后再刻边框及行格线，为保证外框及行线的平直，可借助于直尺或专用规矩。最后用铲刀铲去较大的空白处，并仔细检查整个版面后，即完成了一块印版的雕刻。

为保证印版的耐印性，雕版上文字笔画及线条的断面应呈梯形，这就是说在下刀时应有一定的坡度，这个坡度的大小也要适当。

关于“印刷”一词，在我国古代的文献上也常常称为“刷印”，这是因为在印刷过程中要两次用到刷子，是通过刷而完成文字的转印，所以将刷字排在前边，以特别强调。

印刷除了印版外，还需纸、墨等材料和刷子、台案等用具及设备。纸、墨的质量决定着印刷品的质量。在一定的印版、纸、墨条件下，印刷工匠的技术水平决定着印刷品的质量。因此，一件好的印刷品要具备各种条件。

残存的汉文佛经

印刷的过程是先将印版用粘版膏固定在台案的一定位置上，再将

一定数量的纸夹固定在另一台案上。由于纸和印版都固定在一定的位置上，这可以保证每一印张的印迹规格都是统一的。印刷时先用墨刷蘸墨均匀地涂刷于版面，固定的纸中顺序揭起一张，平铺于版面上，再用干净的宽刷（或称耙子），轻轻刷拭纸背，然后揭起印版上的纸张，使其从两案间自然垂下，这时的纸张已称为印页或印张。如此可逐张印刷到一定的数量。

雕版印刷术的普及

发明于隋唐之际的雕版印刷术，在唐至五代时期已进入普及阶段，并得到了初步的发展。

1. 唐代的雕版印刷术

（1）刻印地区。

唐代无论是北方还是南方，都有刻书的活动。从文献记载和印刷实物看，唐朝的成都一带是当时印刷业最兴盛的地区。此外，长安、洛阳、扬州、越州、敦煌都有印刷业分布。

（2）刻印系统。

唐代寺院和民间坊肆印刷都很活跃。唐代佛教传播极广，寺院拥有土地和庄园，有足够的财源进行宗教宣传。如可以雇佣工匠，大量地进行经、像、咒、传的雕版印刷，以不断扩大争取信徒，宣扬教义。玄奘“印普贤像，施于四众”就是著名的范例。

除寺院之外，大部分是民间坊刻。从唐代遗存下来的实物中，可考的刻家就有“成都府樊赏家”“上都东市大刁家”“成都府成都县龙池坊卞家”“西川过家”“京中李家”等。唐范摅在《云溪友议》中称，纥干皋在唐大中元年至三年（847—849 年）任江南西道观察史时，“大延方术之士，乃作《刘弘传》，雕印数千本，以寄中朝及四海精心烧炼之者”。肖东发先生据此认为，私家刻书始于唐，纥干皋是最早的私人刻书家。除了明邵经邦《弘简录》中记载唐太宗下令刊行《女则》外，唐代约三百年的时间基本没有出现过官方刻书。

（3）刻印内容。

唐代社会上的印刷品，内容已十分广泛。除佛教宣传品外，还有历书、诗文集、道家著作、字书、韵书、阴阳杂记、占梦相宅、九宫五纬。唐代来华的日本僧人宗睿，在咸通六年（865 年）归国时带走了许多图书，其中有刻印本《唐韵》《玉篇》。这说明当时雕版印本已流传到了海外。不过，在唐代印刷品中还没有发现过儒家经典书籍以及正统的史部著作。除图书外，唐代印刷品还有报纸、叶子格（纸牌）、印纸（纳税凭据）等。其中，唐玄宗开元年间（713—741 年）刻印的《开元杂报》被学者们认为是世界上第一份印刷报纸，比 1609 年德国出版欧洲最早的报纸还要早近 900 年。

（4）刻印特点。

唐代的印刷品从刻印数量上看已发展到较大规模，如唐初玄奘印普贤像“每岁五驮无余”；唐长庆年间“扬越间”刻印元稹、白居易诗文“处处皆是”；唐大和年间，中央未颁下新历，“印历已满天下”；唐大中年间纥干皋雕印《刘弘传》达“数千本”。这些文献的记载反映出唐代社会的印刷事业已日趋繁荣。唐代刻印图书多有边栏界行，通行的装帧形式是卷轴装，如有插图，则采用卷首扉画的形式。另外，单张经咒多用回文形式刻印。

2. 五代的雕版印刷术

五代是一个各地割据、政权更替频繁的时代，但印刷术仍有很大发展。

（1）刻印地区。

五代刻印的地域比唐代更为广泛，除长安、成都、扬州、洛阳与瓜、沙州（敦煌）等原有的印刷基地仍在发展外，开封、江宁、杭州一带的印刷也很兴盛。

（2）刻印系统。

五代时在印刷史上最突出的贡献是冯道（882—954 年）主持刻印了“九经”等儒家经典。这是中央政府刻书由国子监主持的开始。监本“九经”的刻印，始于后唐长兴三年（932 年），又经后晋、后汉，至后周广顺三年（953 年）完成。除“九经”外，还刻印了《五经文字》《九经字样》《经典释文》等书。

参与这项工程的还有李愚、田敏等。五代印经咒最多的是吴越国王钱俶（弘俶）。他所印的经咒现发现有丙辰年（956 年）、乙丑年（965 年）、乙亥年（975 年）刻本《一切如来心秘密全身舍利宝箧印陀罗尼经》（俗称《宝箧印经》），均称“印经八万四千卷”。自五代后晋开运二年（945 年）起，曹元忠任归义军瓜、沙州节度使，至宋开宝七年（974 年）卒。在此期间，他曾召雇工匠刻印了大批佛教画像。所刻《观音菩萨像》，上图下文，后题“于时大晋开运四年丁未岁七月十五日记。匠人雷延美。”为首次载有刻版者姓名的印刷品。肖东发先生认为钱俶、曹元忠刻书为地方“官刻”之始。五代另一位在印刷史上有着重要影响的人是后蜀宰相毋昭裔（？—967 年）。从公元 944 年开始，他自己出资刻印了《文选》《初学记》和《白氏六帖》等书，还主持刻印过儒家经典“九经”。毋昭裔刻书被部分学者认为是古代“家刻”之始。

（3）刻印内容。

五代雕版印刷的品种较多。在经部“九经”外，还雕印有子部（如《道德经广圣义》《初学记》）、史部（如《史通》）、集部（如《文选》《玉台新咏》）等类书籍。佛教宣传品也很兴盛，以经咒、佛像为主。现存五代时期的印刷品，除中国东南部出现的吴越雕印经咒外，主要发现于敦煌，有曹元忠刻印佛教画像，还有《大圣文殊师利菩萨像》和《文殊菩萨像》等，另外又有《切韵》《金刚经》等书。

知识链接

最早出现的商业税纸——印纸

印刷术发明后，印刷术的使用范围日广。在刻印佛像、书籍、经咒、纸牌、报纸之后，到公元 783 年，又出现了在交易市场上作为商人纳税凭证的“印纸”。据张秀民所著《中国印刷史》介绍，唐朝于德宗建中四年

(783年)六月开始实行除陌法，规定“天下公私给与货易，率一贯归算二十，益加算五十。给与他物或两换者，约钱为率，算之。市牙各给印纸，人有买卖。随有署记，翌日合算之”。

印纸的出现，说明印刷的应用已扩及商业乃至金融领域，对价值符号的纸币的诞生势必会产生深远影响。

第二节 印刷术在隋唐五代的应用

隋唐佛教印刷品

向达在《唐代刊书考》中提到：“中国印刷术之起源与佛教有密切之关系。”由史料及出土的文物可知，印刷术的发明与发展极大地受到了佛教僧侣的影响。

西汉末年佛教传入我国之后，与中国本土文化相融合，逐渐成为中国第一大宗教。佛教成为东汉以后历代统治者极为重视的宗教。由于统治者的极大提倡，佛教得到了很大发展，寺院数量、佛像铸造数量倍增，并且僧侣人数日渐增加。佛教在隋文帝开皇年间由于统治者的提倡而出现了一次发展高潮，广建寺庙，雕刻佛像，大量佛经被传抄。由于佛教的迅速发展，出现了

大量的宗教信徒，一时之间佛经出现了供不应求的现象。因此，佛教僧侣希望有一种更为便捷、产量更大的制造佛经的方法，于是印刷术便应运而生，并且首先应用于佛经的印刷。

将佛像雕刻在木板上制成刻版，然后进行大量的印刷，这是早期佛教印刷佛经的方法。唐末冯贽《云仙散录》中有关于印刷佛经的最早记录：贞观十九年（645 年）之后，“玄奘以回锋纸印普贤像，施于四众，每岁五驮无余”。由材料可知当时的印刷品只是一张佛像，并且每年的需求量都十分巨大。当时印发量十分巨大的玄奘所印的普贤像，并未流传至今，使得人们无法目睹其真面目，但是在敦煌发现的印刷于五代时期的上图下文的普贤像可能与玄奘所印的形式极为相似。

日本人中村不折氏曾藏有发现于吐鲁番的雕版印刷品《妙法莲华经》一卷，内容为《分别功德品》第十七，用黄麻纸印刷，每行十九字，版心高四寸三分。由于该印品中用了武则天所创的制字，推断为武则天执政时期（684—705 年）的印刷品。

现存最早的印刷品，是 1966 年发现于韩国东南部庆州佛国寺释迦塔内的一卷《无垢净光大陀罗尼经》。经卷纸幅共长 610 厘米，高 5. 7 厘米，上下单边，画有界线。每行多为八字，间有六字、七字、九字的，行高 3. 5 厘米。全卷用楮纸十二张印刷，裱成一卷，卷首末有木轴，两端涂以朱漆。经文为楷书写经体，笔画道劲，字上有明显的木纹，刀法工整，发现时已有少部分腐蚀，大部分较为完整，但未发现有刻印的年代和地点。该释迦塔建于新罗景德王十年（751 年），1966 年 10 月，在修理塔身时，在该塔第二层的舍利洞内发现一个金刚舍利外函，上置网袋，袋内就装有这部经卷。

印刷的佛像

这件印刷品发现后，引起了各国考古学、文化史学和印刷史学界的重视。美国哥伦比亚

大学于 1967 年 12 月 14 日首先向新闻界公布，第二天的《纽约时报》以较大篇幅作了报道。随后，美国哥伦比亚大学朝鲜史教授李亚德，中国史教授富路特及朝鲜高丽大学教授李弘植等，先后发表了研究报告。我国学者胡道静于 1979 年，才在国内首次报道了这一发现。1979 年夏，美籍华人学者钱存训先生将这一经卷的复印本赠送给上海图书馆，使国内得以看到这件印刷品的风貌，也引起了更多人的研究兴趣。

富路特在《印刷术，一个新发现的初步报告》一文中说：“《无垢净光大陀罗尼经》是由出身于中亚细亚吐火罗的一名僧侣弥陀山第一个翻译成中文的。弥陀山于公元 680—704 年居住在当时中国的首都长安，之后，他又返回家乡。这阶段正好是武则天统治中国的时候（684—704 年）。这一点很重要，因为武则天在位期间创造了一些‘制字’，在中国人民中间强行使用。至少有一个这样的‘制字’出现在新发现的经卷里，这一事实有助于证实经文的真实性。看来这座石塔似乎是和寺庙本身同时建造的，于公元 751 年完工。”上述的这段话几乎概括了富路特的主要研究成果，从中可以得出这样的结论：这件印刷品的年代应在公元 704 年至公元 751 年。因此，这是目前为止世界上发现最早的印刷品。他在文章的结尾还说：“中国是最早发明印刷术的国家，印刷术是从那里传播到四面八方的。”他虽没有明确指出这件佛经是中国印刷，但从全文观点来看，他是倾向于中国印刷说的。

李弘植教授在研究报告中提出了四点，以证明该经卷为新罗所印。这四点是：（1）该经卷印刷所用为楮纸，而楮纸是朝鲜的特产；（2）此经文与现存高丽版《大藏经》经文不同，他认为这只是刊误；（3）此经字体近于六朝及唐人写经体，并找出六十多个写经体，如胜（胜）、那（那）等，认为与日本正仓院所藏古文书中异体字相同，而证明为新罗之物；（4）此经中有武则天所创“制字”四个，如“𨤻（证）、𥠢（授）、埊（地）、𡔈（初）”，共出现过八次。

他认为武后的“制字”在当时的新罗也有使用。

美籍华人学者钱存训认为，李氏提出四点用来证明该经卷为新罗所印，是很难成立的，“而可反证为唐代中国所印刷”，主要理由有三个。

（1）楮纸、字体及制字都是源自中国，使用普遍，也是中国产品的特征，

有大量文献及实物可以印证，即使新罗或日本也曾采用，但出现在唐代中国的可能性应远较新罗为高。

（2）新罗时代的文献中并无有关印刷的记载，而朝鲜最早的印刷品直至11世纪初的高丽时代才开始雕印，其间相距约400年，如果此经为新罗印刷，不可能无其他印刷品的记载或实物出现，而使这一件印刷品成为孤立事件。

（3）当时唐代与新罗文化交流频繁，新罗遣唐僧数次携归大部头的佛经，数以千百卷计，则此卷本陀罗尼由遣唐僧带回，或系中国寺庙赠送佛国寺作为新建释迦塔的一件纪念品，则推断较为合理。

我国印刷史学家张秀民，也对这件印刷品作了研究，论证了这确为我国唐代的印刷品。他认为：武则天所创的“制字”，在唐朝的这一时期是必须要使用的，作为印刷品当然更要使用。而当时的朝鲜则不受唐朝制度的约束，没有必要使用这种繁琐的“制字”。新罗与唐朝的文化交流当时十分频繁，新罗僧人常来唐朝，并带回大量佛经，这一佛经印刷品当为新罗僧人带回。

根据国内外学者的研究证明，这件印刷品当为我国唐代之物，印刷年代约为武后神龙元年（705年）至唐玄宗天宝十年（751年）之间。

遗存的唐代印刷品

敦煌县位于甘肃省西北边陲，是重要的佛教圣地。根据史料得知，敦煌的地理位置极为重要，它是中原通往西域的交通重镇，也是中西文化交流的融汇之地。敦煌莫高窟第一个佛窟开凿于前秦二年（366年）。后来，不断有人将佛窟修建在这里的崖壁上。莫高窟在唐代已成为一个拥有一千多个佛窟的佛教圣地，此处存有大量的佛经、佛像、佛画等宗教宣传品和其他文书档案，众多的寺庙和僧侣会集在此处。

党项族于北宋景佑二年（1035年）占领河西一带，建立西夏王朝。大批经卷、文书、法器在莫高窟的僧侣们逃难时只是被秘藏在一个石窟的复洞之内，目的是让它们免于遭到战乱的破坏。后来，由于逃难的僧侣再没有回到过此地，并且中原的香客越来越少，敦煌变得无人问津，因此也就无人知晓藏在石室内的文物了。王元箓是云游四方的道士，为了重新恢复敦煌当年的宏伟风貌，他

四处化缘，以期募集资金建立一个石洞。机缘巧合，他于1900年发现了藏在石室中的文物。当他想方设法修复一幅古代壁画时，发现存在于壁画后面的壁土是由砖砌成的，而非石壁。他剥掉壁画一角，敲开砖墙之后发现了一间装满书籍、四周有墙的密室。经过清点，发现存在于密室中的是大量自公元4世纪至公元10世纪的各种经卷、写本、文书、印本书籍以及少数民族文字和外国文字的文献。敦煌石窟的发现震惊了全世界。然而，当时的清政府腐败无能，帝国主义不断入侵我国，夺走了大量敦煌石室的宝藏，使得我国的文物大量外流，这不仅是巨大的耻辱，而且给我国的历史文化遗产造成了严重损失。

斯坦因是第一个来到敦煌、进入密室，并窃取敦煌石室宝物的西方人。他的著作《南疆考古图记》一书写于盗取敦煌文物之后。他将如何得知敦煌石室的发现，如何设法进入密室以及将密室中的中国古代宝藏中的一部分运往印度和英国博物馆在书的第二卷作了详尽记载。其掠走的珍稀文物有有着精美扉画、刻印俱佳的唐代咸通九年（868年）王玠为二亲敬造普施的《金刚般若波罗蜜经》，剑南西川成都府樊赏家于唐中和二年（882年）刻印的历书残页等，直到今天它们仍然被存放在英国伦敦博物馆中，而中国人却难睹其真面目。

来到敦煌掠夺中国文物的，除斯坦因之外，还有法国的伯希和、美国的华纳、日本的桥瑞超吉川小一郎等。他们这些人的掠夺使得保存在敦煌密室的极为珍贵的文物流落到世界其他地方，构成了散布在世界各地的敦煌石室文物的主要部分。

敦煌石室所藏书籍涉及宗教哲学、天文地理、历史、文学艺术以及语言科技等方面，种类繁多，并且数量巨大，是研究中国中古时期的社会状况及当时的文学、艺术、科技和医学的极为重要的文献。其中绝大部分佛经是手写的，同时也有许多印刷于初期的印刷品。这些印刷品对研究中国印刷术的起源及发展提供了重要史料。

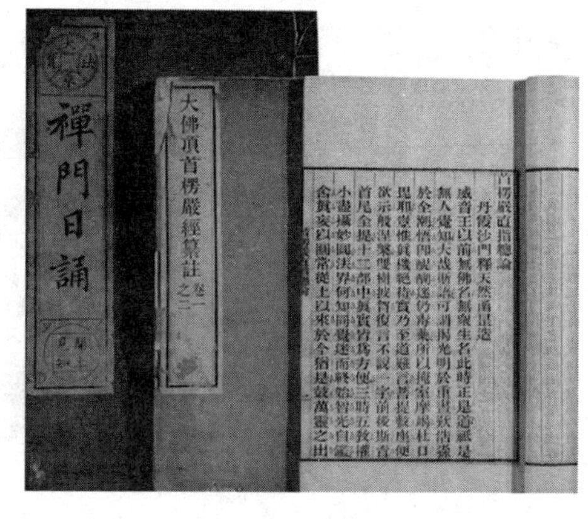

古籍善本佛经

但是帝国主义的文物掠夺者将这些仅有的印刷品全部掠走，使得它们至今仍散落在世界各地。敦煌石室所藏的印刷品，主要有6个。

（1）一份雕版印刷于唐代懿宗咸通九年（868年）的《金刚经》。该经卷长达16米，由六个印张粘接起来。一幅题为《祇树给孤独园》图画画于卷子前边，讲述了在祇园精舍释迦牟尼佛向长老须菩提说法的故事。“咸通九年四月十五日王玠为二亲敬造普施”题字刻印于卷末。经卷首尾完整，图文凝重浑然，刻画精美绝伦，文字古拙遒劲，墨色均匀，刀法纯熟，印刷清晰，这充分说明该经卷是印刷术十分成熟时期的作品，是迄今为止现存于世的中国早期印刷品实物中唯一本身标有明确、完整的刻印年代的印品。斯坦因于1907年第一次来到敦煌时便将其抢走，现今保存于英国伦敦博物馆。

（2）唐僖宗乾符四年（877年）印本历书。此书与宋、元、明、清的历书内容基本相同，包括有节气、月大、月小及日期，还有阴阳五行、吉凶禁忌等杂记。

（3）唐僖宗中和二年（882年）印本历书残本。与上述历书是世界上现存最早的历书之一，两份都存于伦敦博物院。其珍贵之处在于保留了“剑南西川成都府樊赏家历”字样和中和二年的纪年。

（4）雕版印刷品单页若干，多为佛教发愿文之类，其形式为上图下文，每页分上、下两截，每页上半部分印供养佛像，下半部分为发愿文。

（5）在敦煌遗书中，还有些文献是根据印本抄录的写本。在咸通二年（861年）写本《新集备急灸经》中有这样一句话：“京中李家于东市印。”这充分说明该书印刷于公元861年之前，本书是根据印本手写而成的，先保存在法国巴黎。北京图书馆藏敦煌遗书“有”字九号《金刚经》残卷，末有“丁卯年三月十二日八十四老人手写流传”题记（丁卯为唐哀帝李祝天佑四年，即公元907年），又有“西川过家真印本”七字

敦煌莫高窟

识语。过家印本当为唐代印刷品。

（6）敦煌内亦有五代时期的印刷品，如雕印于大晋开运四年（947 年）的大圣毗沙门天王像和大圣文殊师利菩萨像等。

一份一尺见方的《陀罗尼经咒》印刷品在 1944 年出土于成都市东门外望江楼附近的唐墓，上面刻有古梵文经咒，小佛像分布在四周和中央，边上有一行题字“成都府成都县龙池坊卞家印卖咒本”，可以清楚辨认。根据《唐书·地理志》可知，蜀郡是唐代成都的旧称，蜀郡于肃宗至德二年（757 年）升为成都府。由此可知，此经咒所题“成都府”卞家印卖的时间应该在 757 年之后。这可以说明雕版印刷早在公元 8 世纪中叶就在四川成都开始流行了。这份印刷品是国内现存十分重要的一份唐代印刷实物，现存于四川博物馆。

自 20 世纪 70 年代以来，许多唐代印刷品在陕西省西安市被陆续发现，大量珍贵文物资料的出现极大地方便了对唐代印刷业的研究。经过陕西省文物鉴定委员会及相关专家考证鉴定的，就有如梵文陀罗尼经咒及汉文陀罗尼经咒印本。

1. 梵文陀罗尼经咒

一件梵文印本陀罗尼经在 1974 年出土于西安市柴油机械厂建设工地。该佛经在出土时装于一个长为 27 厘米、宽 26 厘米的铜腭托，纸张为麻纸。印本表面由三个部分的文图布局构成，正中是一个空白方块，长 4 厘米、宽 7 厘米，右上方有墨书“吴德口福”四字，竖行排版。环绕方框四周的是经咒印文，印文不是汉字，四边环绕三重双线边栏，内外边栏间距 3 厘米，其间布满莲花、手印、星座、花蕾、法器等图案。经过考证，该印刷品的年代是唐代，具体理由有以下四点（据韩保全撰《世界最早的印刷品——西安唐墓出土的陀罗尼经咒》一文）。

①经咒上“吴德口福”四个题字，是在唐初十分流行的王羲之的行草。

②经咒边外框四周的联珠、纽丝等图案常见于唐代初期的金银器。

③一件纹饰有浓厚的自汉魏而流行于隋朝及唐代初年的“规矩四神铜镜”与经咒同时出土。

④出土时，此印本佛经装在一个铜臂钏中。专家考证，认定这个作为随葬品的铜臂钏的年代在唐初之前。

2. 汉文陀罗尼经咒印本

该经文印本于1975年出土于西安冶金机械厂。印本为边长为35厘米的长方形，有破损，内容由三部分构成，人物绘像画于中心长方框内，四周环绕经咒咒文，四周外为印制的各种类型的手印。正中方框高53厘米、宽46厘米，框内绘有两个人像，一跪踞、一站立，画像的勾描用淡墨完成，中间以彩色填充。经咒文以每边八十行的字数环绕于长方形框外四边，用墨线把行边相间，咒文外围以长29厘米的双线边栏，边栏长29厘米，与边栏相距3厘米的宽边上印有佛说印契一周，栏边各有手印12种。经咒印文阅读方式为环形，并且是汉字音译。经咒名目写于印本中心长方框所绘人像右侧，题为《佛□□□□得大自在陀罗尼经咒》。通过查询韩保全《世界最早的印刷品——西安唐墓出土印本陀罗尼经咒》，将该经咒与诸经目录对照后得知，其名为“佛（说随求即）得大自在陀罗尼经咒”，在东都洛阳天宫寺于武则天长寿二年（693年）被翻译过来，翻译者是印度人宝思惟。所以，其出现的最早时间应该为公元7世纪末之前。

但考古学界对上述两件印刷品的具体年代没有统一的说法。有的学者认为该印刷品的年代是中晚唐时期，其判断依据是印品本身及手书“吴德口福”的字体特征。虽然对于出现年代众说纷纭，但可以确定的是该印刷品出现在唐代。它们的出土为我们研究唐代印刷业提供了直接的文物资料，意义十分重大。另外，还有唐代刻印的陀罗尼经咒三件，与上述两件相同的是无法确定其具体为唐代何年月间的，所以此处略去不再介绍。

五代十国的佛教印刷

唐代末期，佛教曾受到过一次剪除，但由于当时的号令并无多大力量，在一些地区寺院仍保持完好。五代时，佛教有了一定发展，在一些割据的国

家，由于统治者的特别提倡，佛教开始兴盛。据记载，后周显德二年（955年）时，有寺院2964所、僧尼6.12万人，说明当时佛教的规模是很大的。而当时的佛像佛经印刷也遍及南北各地，流传下来的五代佛教印刷品也较其他印刷品为多。在敦煌石室发现的五代佛教印刷品有：《大圣毗沙门天王》像，《观世音菩萨》《圣观自在菩萨像》及后晋天福五年（940年）刻印的《金刚经》等。而这些印刷品都流落到了国外。下面对这几件印刷品做一简介。

《观世音菩萨》。上图下文，文中刻有“曹元忠雕此印板，奉为城隍安泰，阖郡康宁”，“时大晋开运四年（947年）丁未岁七月十五日”，“匠人雷延美”等字样。这既有主持刻印者姓名，也有刻印的年月日，我们从曹元忠为瓜沙等州观察使的职务，也可推断出印刷地点就在敦煌一带，说明这里当时也有一定规模的印刷力量。更为可贵的是载有刻工的姓名，雷延美成为印刷史上最早见于记载的刻版工匠。

同年，曹元忠还请匠人雕印了《大圣毗沙门天王》像。其形式也为上图下文，构图更为复杂。曹元忠还请匠人刻印了《金刚经》，末尾刻有“弟子……曹元忠普施罗持。天福五年己酉岁五月十五日”字样。上海博物馆藏有一件曹元忠刻印的《观世音菩萨像》和《圣观自在菩萨像》。北京图书馆所藏的《大圣文殊师利菩萨像》，也是发现于敦煌的上图下文的五代印刷品，和曹元忠刻印的其他几幅佛像风格相近，可能也是曹元忠请人刻印的。这说明曹元忠在较偏远的敦煌，组织工匠刻印了较多的佛像佛经，在五代印刷史上应占有一定地位。

五代十国时期，佛教印刷最兴盛的是偏安于东南一带的吴越国。其统治的地区包括今浙江全省及苏南、闽北一些地区，首府设在杭州。这里本来就是鱼米桑麻之乡，统治者吴越王钱镠、钱俶“多宽民之政，境无弃田，邦域之内悦而爱之”（咸淳《临安志》语）。再加上这里有80多年的和平环境，因此，经济、文化都十分繁荣，也为印刷业的发展创造了条件。

吴越国的统治者都很信奉佛教，忠懿王钱弘俶对佛教更是虔诚，他在位时（947—978年）多次大修寺庙，如重修西湖灵隐寺，建西湖永明禅寺，又多出

金帛于月轮山造释迦砖塔，其塔9层8角，高40丈，即今日六和塔的前身。

1917年，湖州天宁寺改建为中学校舍时，于石幢象鼻中发现《一切如来心秘密全身舍利宝箧印陀罗尼经》数卷。卷首有“天下都元帅吴越国王钱弘俶印《宝箧印经》八万四千卷，在宝塔内供养。显德三年丙辰（956年）岁记”字样。经文共338行，每行八九字。这一经卷同时所出为二卷，字体略有差异，可能为另一版本。

1924年西湖雷峰塔倒塌，塔内发现藏有黄绫包着的《宝箧印经》，卷首印有“天下兵马大元帅吴越国王钱俶造此经八万四千卷，舍入西关砖塔，永充供养。乙亥八月日记”字样。经卷高7厘米，长2米，每行十字、十一字不等，分竹纸、棉纸两种。这时已是宋太祖开宝八年（975年）了。

1971年，在绍兴县出土金涂塔一座，塔高约33厘米，塔内放一小竹筒，长约10厘米，红色，筒内藏经一卷。卷首印有“吴越国王钱俶敬造《宝箧印经》八万四千卷，永充供养，时乙丑岁记”字样。字体细小，每行十一二字，文字印刷清晰，纸质洁白，墨色精良，是五代晚期印刷的精品（乙丑年为宋太祖乾德三年，即公元965年，宋的统治还未达及这里）。

吴越国的有名僧人延寿和尚也印了大量佛经，他很得钱弘俶的宠信，赐号智觉禅师，先后主持灵隐寺、永明禅寺。他曾主持印刷过《弥陀经》《楞严经》《法华经》《观音经》《佛顶咒》《大悲咒》等佛经。还印有《法界心图》7万余本，“凡一切灵验真言，无不印刷，以为开导”。有的真言印到10万本，可见他印刷之多。他还亲手印弥陀塔14万本，“遍施寰海，吴越国中念佛之兴由此始矣”。他的印刷活动在公元938年至公元972年之间。

五代吴越印刷佛经的活动，促进了这一带印刷业的发展，造就了一批刻版、印刷能手，因而在宋代，杭州成为全国重要的印刷基地。

五代十国的其他印刷品

上面我们主要谈了五代时政府及佛教的印刷，涉及的地区主要是五代的京城开封、洛阳，蜀国的成都，吴越国的杭州以及曹元忠在瓜、沙州（敦煌）

的印刷。其实，五代的很多地区都曾有过印刷活动。

从印刷的地域来说，除了上面提到的地区外，还有南唐、闽国等割据地区，也都有印刷活动。南唐的都城设在金陵，中主李璟、后主李煜都崇尚文学。后主李煜更是历史上有名的文学家。由于统治者的爱好和提倡，这里的文学空气很浓，藏书颇多。王应鳞《玉海》中说："宋初凡得蜀书二万三千卷，江南书三万余卷。"可知这里的藏书超过四川，很多书可能还是印本，据记载，当时刻印的书有刘知几的《史通》、徐陵的《玉台新咏》《韩昌黎集》以及李建勋的《李丞相诗集》等。

在闽国，统治者不但信奉佛教，而且提倡文学，这里佛经及文学书籍的印刷都很活跃。据记载，徐寅（849—921 年）所写的《斩蛇剑赋》《人生几何赋》，当时就有人刻印出售，他有"拙赋偏闻镌印卖，恶诗亲见画图呈"的诗句，证明他自己就看到有人刻印出售他的赋，也说明当时福建已有私人印刷作坊。在宋《崇文总目》中，就有《徐寅赋》，现在流传的有《钓矶文集》。

五代的和凝开创了私人刻书的先河。和凝字成绩，郓州须昌（今山东东平）人。后唐时曾任殿中侍御史、礼部刑部员外郎，知制诰、翰林学士，中书舍人，工部侍郎等职。后晋、后汉、后周都曾为官。后周显德二年死，年 58 岁。《旧五代史·和凝传》中说：凝"性好修整……平生为文章，长于短歌艳曲，尤好声誉。有集百卷，自篆于版，模印数百帙，分惠于人焉"。《新五代史·和凝传》也说："凝好整饰车服，为文章以多富。有集百余卷，尝自镂板以行于世，识者多非之。"这说明他这种将自己的著作亲自写版、亲自请人刻版印刷的做法在当时受到过非议，但在印刷史上却是有开创性的。而到了宋代，这种做法就很普遍了。据说和凝还刻印过《颜氏家训》等书。

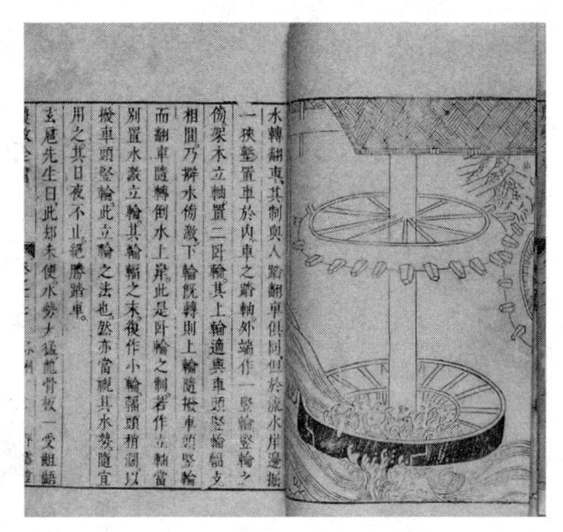
水轉翻車其制與人踏翻車俱同但於流水岸邊掘
一狹塹置車於內車之踏軸外端作一竪輪竪輪之
傍架木立軸置二卧輪其上輪適與車頭竪輪輻支
相間乃擗水傍激下輪既轉則上輪隨撥車頭竪輪
而翻車隨轉倒水上岸此是卧輪之制若作立輪當
別置水激立輪其輪輻之末復作小輪輻頭稍闊以
撥車頭竪輪此立輪之法也然亦當視其水勢隨宜
用之其日夜不止絕勝踏車
玄扈先生曰此卽未便水勢大猛龍骨板一受齟齬

古代私人刻书

另外，五代的印本还有：后晋时，石敬唐于天福五年（940 年），曾命人

刻印老子《道德经》。前蜀刻本有杜光庭的《道德经广圣义》。南唐刻印刘知几的《史通》。青州刻印有关法律的书《王公判事》。工具书《大唐刊谬补阙切韵》《唐韵》五代也有刻印本。

总之，五代十国虽是个分割动乱的时代，但由于不少地区相对处于和平环境，经济和文化都有一定的发展，这对印刷术的发展也起到了促进作用。五代在印刷史上的最大贡献，是对儒家经典著作的刻印，这得力于统治者上层官员的提倡，这对宋代印刷业的发展影响很大。五代时，几乎各种门类的书籍都进行了印刷，除了儒家、佛教两大类外，史、子、集类书也都有刻印。再就是形成了成都、杭州两大印刷基地，造就了一批技术高超的刻、印工匠。

知识链接

现知最早的诗文印品

《白氏长庆集》唐朝涛人白居易的诗文，脍炙人口，深受人民喜爱，靠手抄传诵远远满足不了要求。印刷术发明后，用印刷术来大量复制白氏诗文和人民喜闻乐见的文学作品势在必然。唐朝诗人元稹（字微之）在其为《白氏长庆集》写的序言里写道："《白氏长庆集》者，太原人白居易之所作……然而二十年间，禁省观寺、邮候墙壁之上无不书，王公妾妇、牛童马走之口无不道。至于缮写模勒，街卖于市井，或因之以交酒茗者，处处皆是……长庆四年冬十二月十日微之序。"元稹此序作于长庆四年（825年）。具体地点在"扬、越间"，即扬州、越州（今江苏浙江）一带。可见，在公元825年以前刊刻售卖"白氏诗集"已相当盛行了。这是应用印刷术印刷诗文的最早记载。

第四章

印刷术的鼎盛——宋元时期的印刷术

雕版印刷术在宋元进入发展的黄金时期,印刷技术也在不断更新。与此同时,活字印刷术在这个大背景下产生,进一步将我国印刷术的发展推向了高潮。而宋元印刷术的另一大特点就是刻书事业的兴盛。

第一节 印刷术的进一步发展

两宋印刷发展的社会背景

公元960年，赵匡胤发动陈桥兵变，推翻了后周，建立了宋王朝，从而结束了唐末以来五代十国的分裂割据局面。除了北部等少数民族统治地区外，全国大部分地区很快便统一了。1127年，金兵攻占北宋的京城汴京（开封），宋王室南迁，建都于临安（杭州），这就是南宋。1279年南宋灭亡。宋朝共统治360多年。

宋代是我国古代科学技术发展的辉煌时期，在这个时代的影响下，印刷技术以及相关的造纸、制墨技术也都发展到了很高水平。

北宋建立以后，虽然其阶级矛盾和民族矛盾都很尖锐，但还是施行了一系列有利于缓和阶级矛盾、恢复经济、发展生产的政策，从而使全国的农业、商业和手工业等都很快地繁荣和发展起来。在这种形势下，一大批商业、手工业集中的城市在各地出现。从宋代的画卷《清明上河图》中，我们可以看到北宋京城汴京街市的繁荣景象。

南宋虽偏安江南，但也处于长期的稳定环境，再加上南方的物产丰富、经济繁荣，农业、手工业和矿业日渐发达。由于加强了水利的兴修，福建、两浙、川陕等地连年丰收。在长沙一带，南宋初年有连续38年的丰收，所谓“斗米二三钱，县县人烟密，村村景物妍”，就是描写的当时情景。南宋的京

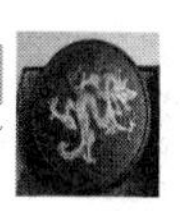

城临安，在北宋时有人口四五十万，南宋时增加到120多万，成为当时世界上人口最多的城市。经济的繁荣，社会的相对稳定，使南宋的文化、教育和出版印刷事业都大大超过了北宋。宋代仍推行唐以来的科举取士制度，而且范围更为扩大，不论门弟出身，只要考试合格都可入选而取得一官半职。这种制度激发着中、下层人民的子弟读书求学的愿望，因而，也促进了教育事业的发展。在中央有太学、律学、宗学、武学、算学、道学等；在地方有州学、府学、军学、县学。分布在各地的书院，往往请名家执教，成为一个地区的最高学府，其中最有名的是庐山的白鹿书院、衡州的石鼓书院、长沙的岳麓书院、商丘的应天书院，号称“四大书院”，造就了一大批宋代的学者和有名的官员。民间的私人办学也很发达，不少农、商大户都办有自己家族的私学，以培养自家子弟。在广大乡村，由富户出资办学的风气也很盛行。

到了南宋，教育事业更为发展，政府和民间办学之风大兴。在京城临安，是学校最集中的地方，政府办的学校有文、武两学，以及宗学、京学、县学

岳麓书院

等；民间办的乡校、家塾、舍馆、书会等，更是遍布里巷。各地较高的学府是“书院”，全国市级有几十所，如绍兴的稽山书院、婺州的丽泽书院、江西的白鹿书院、湖南的岳麓书院、邛州的鹤山书院、福建的龙溪书院、桂林的象山书院等都很有名，这些书院不但藏书，也刻版印书。在广大的城乡，学校也很普及。教育较发达的是江浙、福建和四川。在四川“庠塾聚学者众”，“文学之士彬彬辈出”。在福建更出现了一股教育热，大多数乡里都办有学校，所谓“学校未尝虚里巷”，“城里人家半读书”（见淳熙《三山志》卷四十），就是对当时教育兴盛的写照。有的学校学生有数百人，少者也有几十人。孝宗乾道元年（1165 年）秋，福建报名乡试的就有 1.7 万人，进京考试的也常占全国之半（见淳熙《三山志》）。

教育的发展以及学生人数的增加，使对书籍的需求量也大增，这又促进了出版印刷事业的发展。凡教育发达的地区，印刷业也很发达，这几乎成了一种规律，也说明了教育对印刷业的影响。

在南宋，藏书的风气也很盛，各类学校都藏有一定数量的书籍，特别是政府办的州学，一般藏书量都很大。士大夫阶层，更是家家藏书，已成一种风气。仅在湖州地方，家藏万卷书的就有七八家。这种藏书风气的形成，与教育事业的发展、出版印刷的发展，以及社会文化的发展都有着密切关系。

教育事业的发展，大大提高了全民族的文化素质，也促进着社会经济、文化的发展。虽然教育的发展与当时科举制度的刺激有关，但毕竟只能是少数人爬上做官的阶梯，大批有文化的人仍流落在社会上，其中有相当一批人成为商人或手工业者。他们有一定的阅读能力，各种诗词歌赋、启蒙读物、历史故事，都有着广泛的读者层，这些民用书籍的出版印刷业也就应运而生。

在宋代，科学技术、文化艺术以及历史哲学等著作都十分繁荣。在文学方面产生了一大批历史上有名的作家，无论是数量还是质量上都达到了历史的高峰。史学著作也很繁荣，最有名的有薛居正的《旧五代史》，欧阳修的《新唐书》《新五代史》，司马光的《资治通鉴》等。丛书类有王钦若的《册府元龟》，李防的《太平御览》等。科学技术著作和医学著作也很繁荣。宋代的这些著作，在当时几乎大部分都进行了印刷。这也是宋代印刷业繁荣的一

个重要原因。

在北宋中期以后，逐渐形成了一种印书的社会风气。这些风气的形成，与当时的政治、经济和社会文化有着一定的联系。除了政府大量组织印刷书籍、民间印书作坊的兴盛外，在士大夫阶层也出现了一种刻书热。一方面，他们把刻书作为一种风雅，而更多的人则是刻印自己的著作。另一方面，有的富户或官员家中，经常雇请一批工匠进行刻版印刷。这也从侧面促进了印刷业的发展。

雕版印刷技术的成熟

隋末唐初发明了雕版印刷术，到了宋初已有三百多年历史。在这个历史过程中，印刷开始由少数人使用发展到由更多的人使用；印刷的品种由单页、简单的印刷品，发展到印刷大部分书籍；印刷质量也由早期的粗拙，逐渐地走向精细；在社会的承认和重视方面，也由早期的宗教和民间的使用，发展到被各代政府所使用。在长期的历史发展中，在印刷的实践活动中，造就了一代又一代雕版印刷的手工业工匠，他们的技艺往往一代超过一代。从现在发现的早期印刷品的对比来看，以公元 704 年印刷的《无垢净光大陀罗经》与公元 868 年印刷的《金刚般若波罗蜜经》相比，在雕版水平和印刷质量上都有了很大提高。前者还表现着初期的幼拙，而后者则显得十分成熟了。

唐代后期，四川的民间印刷业已很活跃，各种启蒙读物、阴阳、历书等充满了书肆。

到了五代，冯道、毋昭裔等才开始组织印刷儒家经典著作，这说明印刷术已引起官方的重视，特别是由冯道等组织的大批量印刷《九经》，为宋代印刷业的飞速发展打下了良好基础。

纸和墨是印刷的主要原料，造纸业和制墨业的发展必然会影响到印刷业的发展。正是由于宋代造纸业、制墨业的兴盛，才保证了印刷业有足够的原料，从而也对印刷业的发展起到了促进作用。在手工业、商业的繁荣发展中，宋代的造纸、制墨业也发展很快，造纸手工业作坊几乎遍及全国，而最为著

名的有安徽宣城的“宣纸”，浙江嘉兴的“田拳纸”，湖北的“蒲圻纸”，江西抚州的“草钞纸”，四川的“蜀笺”等。不同用途、不同品种、不同档次的纸张都很齐全，可供用户任意选购。

造纸技术和工艺方面，在继承唐代先进造纸技术的基础上，宋代又有了新突破。除了抄纸的帘模、造纸的原料、纤维的漂白、添料等方面的改进外，宋初的四川造纸作坊开始使用水作动力进行打浆，这种设备称为“本碓”。采用水碓打浆，大大提高了制浆工效。后来，这种设备在各地造纸的作坊中被广泛应用。

宋代的制墨业也很发达，不但产量高，而且质量好。先进的制墨技术，为印刷业提供了良好的印墨，使宋代的印刷品受到后人称赞，认为宋版书“光洁如新，墨若点漆，醉心悦目”。宋晁说之《墨经》、清麻三衡《墨志》、宋何遂《春渚纪闻》等书，对宋代先进的制墨技术都有较详细记载，其中提到宋代著名的制墨工匠有张孜、陈昱、关珪、郭遇等六十多人。

纸、墨、刻、印是雕版印刷的四大要素，宋代印刷业的繁荣，得力于这四个方面的共同发展、相互促进。再加上宋人对书稿的认真校勘、刻印的一丝不苟，使宋版书受到历代藏书家的称赞。明谢肇浙的《五杂俎》中说：“书所以贵宋版者，不惟点画无讹，亦且笺刻精好，若法帖。”明高濂《遵生八笺》中说：“如宋元刻书，雕镂不苟，校阅不讹，书写肥细有则，印刷清朗，况多奇书……故此宋刻为善。”明屠隆在《考槃余事》中说：“宋书，纸坚刻软，字画如写，用墨稀薄，虽着水湿，燥不洇迹，开卷书香自生异味。”清孙从添在《藏书纪要》中说：“南北宋刻本，纸质罗纹不同，字画刻手古劲而雅，墨气香淡，纸色苍润，展卷便有警人之处。所谓墨香纸润，秀雅古劲，宋刻之妙尽矣”。清乾隆帝在评价宋版书时也说过，“字体浑穆，具颜柳笔意，纸质薄如

优质精美的古代墨块

蝉翼，而文理坚致”，在题宋宝元二年印刷的《唐文粹》时说，“观其校之精，写之工，镂之善，勒亦至矣”，“字画工楷，墨色如漆”。明王世贞说，“班范二汉书，桑皮纸，白洁如玉，四傍宽广，字大如钱，绝有欧柳笔法，细书丝发，墨色精纯，盖自真宋朝刻之秘阁”。以上各家对宋版书的评价，概括起来，就是校、写、刻、印、纸、墨皆精，这从一个侧面反映了宋代的刻版、印刷、造纸、制墨等技术工艺都达到了很高的水平。

任何一项科学技术的产生和发展，都和历史与社会的条件有关。宋代印刷业的高度繁荣和发展，也正是这个时代政治、经济和文化发展的必然结果。归纳起来可能有五个方面：一是印刷技术经过长期的发展和实践，积累了丰富的经验，造就了一大批能工巧匠，在更适宜印刷业发展的环境下，得以施展他们的才能，并在技术上更趋成熟；二是随着宋代商业、手工业的发展，书籍作为一种商品广泛流通，使印刷产品有着广阔的市场，从而推动着印刷业的发展；三是教育事业的发达，造就了一大批有文化的人，因而对书籍的需求量大增，也促进着印刷业的发展；四是宋代著作的繁荣，为印刷提供了大量书稿，宋代的史学、科技、医学、文学等著作出版十分繁荣，加上前代的经、史、子、集在宋代都有印刷出版，形成了宋代出版印刷的繁荣景象；五是政府对书籍印刷的重视，政府在组织大批力量印刷各种书籍的同时，对于民间的印刷业也实行开放政策。

两宋雕版印刷业的特点

宋代的雕版印刷业有四个方面的特点。

其一，政府很重视图书雕印业，建立了一整套官刻机构，社会上形成了官刻、私刻和坊刻三大雕印系统。

五代冯道主持雕印《九经》，开官刻之先。但是，这仅仅是官家刻书的开始，也可以说是一次具体的刻书举动，没有形成制度。而到了宋代，政府则把雕印图书看成是一项经常性的工作，成为一项事业，并大力发展它。

宋初，在继承了五代国子监刻经举动的基础上，把官家刻书发展成中央

政府和地方政府两大官刻支系。中央政府雕印图书，由国子监主持。它是国家的最高学府，也是国家文化教育和出版业的管理机关，同时又是中央藏书和刻印图书的主要机构。国子监雕印的图书称为“监本”。除国子监之外，宋代中央政府刻书的机构还有崇文院、秘书监、司天监、太史局和校正医书局等。宋代地方政府的图书雕印系统，是逐渐发展起来的，到南宋才开始兴盛。地方官府中从事雕印图书的机构有各路使司，如公使库、茶盐司、漕运司、转运司、仓台司、计台司、安抚司、提刑司等，以及州学、军学、郡学、县学和书院等。这些地方政府机构，都雕印了不少图书。其中尤以公使库雕印的图书为最多。南宋地方上的许多公使库都设有印书局，长年从事雕印业务。坊刻，是指书坊刻书。书坊是刻书兼卖书的民间作坊或店铺。坊刻大约起源于唐末，但真正形成规模、发展成社会上的雕版印刷业系统，则是在宋代。唐、五代雕印图书的坊肆数量少，有些店铺是只卖书而并不雕印。到了宋代，雕印业得到大发展，书坊增多，规模扩大，且大都印售兼营，在社会上形成了带有亦工亦商性质的行业系统。书坊也称书肆、书林、书堂、书铺、经籍铺。由书坊雕印的图书称坊刻本、书坊本或书棚本。书坊刻书与一般私人的偶尔刻书行为不同，是以印售图书为业的。书坊刻书在图书雕印业中开始得最早。印刷术一发明，也就有了私刻和坊刻，但坊刻发展比私刻快，刻书的地域分布比私刻和后来的官刻都更广，刻书量也最大。书坊本是古代商品图书流通的主体。官刻、私刻是在坊刻的影响带动下发展起来的。它是发展和推广印刷术的主力，对我国古代印刷技术的提高和普及做出了很大贡献。

宋代刻售图书的坊肆遍布全国各地。不少书坊已经不仅仅是以一家之口来经营雕印销售业务了，而是雇佣专门的写刻工匠，增强生产力量，出现了一大批颇具规模的书业店铺。有些坊肆还专门聘人编撰新书，集编、刻、印、售业务于一身，把图书的生产和销售搞得很有声色。宋代的坊肆雕版印刷业具有坊家多、规模大，刻书新颖而快速、刻书量大且销售广泛的特点。

私刻，也称家刻，是指私人出资雕印图书。从出资、出力这一点上看，私刻与坊刻相同，都是以私家财力来雕印图书，其不同在于私刻主要的不是以刻书为业，不是为了营利，而大多是为了传播学术或宣扬家学。由于刻书

人多以自己所崇尚的学问和家誉为重，所以都采用经过精选的善本为底本，写、刻、印也都格外精细，刻印本的质量一般都比较高。宋代私家雕印图书已很兴盛，特别是南宋时期，私刻更为普遍。千年而后的今日，有书可考的宋代私刻之家，还可见到几十家。

其二，分布地域广，几乎遍布全国。南宋时分天下为15路，几乎路路都有雕印业。在遍布全国的雕印业中，以四川、浙江、福建和北宋首都汴梁最为兴旺，号称“四大刻书中心”。

其三，雕印图书品种多，印刷量大，其内容广涉经、史、子、集各类。

据估计，宋代雕印的图书有几万部之多。明代奸相严嵩被劾失势时，离宋已近300年，但从他家抄出的宋版书尚有6850多部。700多年后的今天，国内外所存宋版书还有1000部左右。

其四，雕印技术成熟，出版印刷讲究，质量很高，为后世提供了经验，

颜体深受宋人喜欢

树立了样板。

宋代雕印业的大发展，促进了雕印技术的提高，使得图书的写版、刻版、印刷、装帧质量都达到了雕版印书近乎完美的地步，甚至于在许多方面，明清时尚有不及其优秀之处。在版式设计上，宋版书为后代提供了样板，基本上形成了制度。在装帧方面，宋版书走出了唐、五代以来的卷装历史，开始了册页装，并发展到散页装，为印本书的装帧开了好头，为其发展提供了经验。从书的文物性和学术性角度来看，宋版书的价值自不必言，而从雕印技艺上讲，宋本也是历代古版本中的上品。所以，时至今日，凡书为宋版，哪怕是一纸一字，也皆称“善本”。

从写版看，宋代雕印的图书用字非常讲究，多采用唐代大书法家的字体，如欧阳询、柳公权、褚遂良、颜真卿等人的书体。众所周知，正是唐代的这些著名书法家把楷书艺术推向了高峰，从而使楷书的发展臻于成熟。采用这些风格各异、风采纷呈的楷体上版印成的图书，自然是舒展、大方、醒目、美观。可以说，今天能见到的宋版书，无论是官刻、私刻还是坊刻，其写版都是书书、页页、字字不苟，均为艺术品。这一点常常是许多明清时期的版本所不能与之相比的。

从版式上说，宋版基本上确立了古印本书的版式，对古书版式大体上起到了定型作用。唐及五代的印本书，多采用卷装，版式与写本书没有多少差别，只是把每版断开的印页先粘结起来，再卷成卷而已。后来，一直到宋初还采用的经折装，也是把每版的页子粘结起来，再叠成折子，版面也基本同写本书一样；旋风装的版式也与写本大体相同。而宋代以后，印本书的版式则逐渐形成了页面的边口及版心等装饰规格。宋代前期，印本书多白口，四周单边；后期仍多白口，而左右多双边，上下单边，也有四周双边的。书的版心上刻有上下鱼尾。上鱼尾上方刻印大小字数；上下鱼尾之间刻印书名、卷次和页码；下鱼尾下方印刻工姓名或雕印者斋堂室号。官刻图书，多在卷末印有题记或书牌。宋版书版式上的书口、边栏、版心及牌记等款式，是宋代出版家们的创造。自此以后，一直到清代，印本书版式虽有某些变化，但无非是白口变黑口、单边变双边，鱼尾由黑变白或由双变单，等等，而大体

上还是没有走出宋代提供的版式样板。

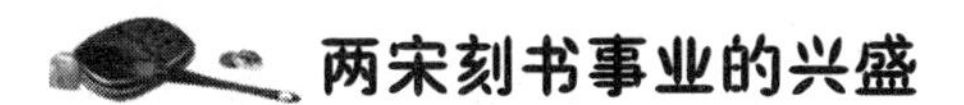

两宋刻书事业的兴盛

中国雕版印刷史上的黄金时期是宋代。中央政府在五代的基础上，命令除国子监之外的部门都刻书和印书，政府印刷事业得以全面展开。同时，在政府的号召下，私家和坊间刻书也得到了更快发展。从官方至民间，印刷书籍事业全面展开，形成官、私、坊刻书系统的庞大网络。当时所刻书籍不仅包括儒家经典著作，还有正史、医书、诸子、算书、字书、类书和名家诗文，政府还编印了四部大型类书以及佛、道藏经典，刻书范围基本覆盖了所有方面的书籍。坊间刻书以营利为目的，刻书种类繁多，包括经文以及字书、小学等民间所需用及士子应举所需要的读物，私人所刻书籍最多的文集等。

刻书事业在宋代获得了迅速发展，既继承了前代的优良传统，又对后世产生了极为深远的影响。

宋代社会政治、经济、文化的发展极大地促进了印刷事业的发展。

1. 社会经济得到恢复、 农业生产得到发展

宋朝的建立实现了国家的再次统一，结束了唐朝安史之乱以来五代十国混战的局面，只在北方存有契丹政权。宋代初期实行了租佃制，规定地主只能购置田产和对佃户进行租佃剥削，废除了唐五代时门阀士族按等级占有土地和农奴的曲部制。与前朝历代相比，农民的人身自由程度有了更大的进步。并且宋朝初期政府鼓励农业发展，对农业给予支持，对农具加以改进，提高耕作技术，所以农业得到了迅速发展。商业发展和社会经济实现了全面繁荣，具体表现在开辟圩田水利，大兴冶金矿业，军器织造实现了分工，陶瓷业和造纸业进一步发展。在宋代社会大发展、经济大繁荣的背景下，雕版印刷技术获得了突飞猛进的发展。

2. 统治者奉行“重文轻武”的基本国策，注意笼络和利用知识分子

宋朝统治者深谙“王者虽以武功克敌，终须以文德致治”的道理，制定了一系列巩固文化、拉拢民心的文化政策：统一法规、编定律例，崇尚儒术、提倡理学，大兴书院，佛道并举，以及三教一义等。为加强和巩固中央政权，宋太祖对文官和武将采取了不同的对待措施：收归武将的权力，并且严加防范，而对文官则以高官厚禄拉拢利用，甚至在军队中也重用文人。这种重文抑武的政策使得社会广泛注重学术修养，许多人潜心于学问，崇尚文化。同时，宋朝改革了科举制度，一方面扩大对文人开放的部门；另一方面不断扩大录取人数，与唐代相比，录取的人数每年多二三十倍，考中者多达两三千人。并且简化录取过程，中举者做官不必再经过“身、言、书、判”的考试。另外，朝廷特设“特奏名”，以表示对多次参加科考而不中的考生，特赐本科出身。宋朝通过这些政策，建立起了庞大冗杂的官僚机构，大量中下层文人进入官府参与国家政权的建设，并且朝廷给官员以极高的俸禄，“一日之长取终身富贵”极大地诱惑了读书人刻苦努力，进入仕途。所以，读书人的数量越来越大，对于应试必读的教科书——儒家经典及各类参考读物的需求也逐渐变大。书籍刻印业在这种需求的刺激下得以迅速发展。

3. 政府注重收藏、编撰、整理图书，文化事业空前发展

宋朝初期的统治者十分重视图书的收集、典藏、编撰、整理和利用。根据《玉海》记载可知宋初皇室有大量藏书，多达万余卷。宋代统治者出征他国的征战过程中，十分注意收集各国遗留书籍用以扩充官府藏书。朝廷藏书在太宗开宝年间已多达 8 万多卷。同时，国家为了增加藏书，还提出许多措施以扩充。首先，奖励措施，凡有献书者，根据所献书籍的价值及献书籍之人的能力而赐予其官职；其次，国家将缺少的书列出目录，派人在全国各地搜集；最后，规定地方政府每年须向中央政府交纳新书。对于极为少见的书，则由专门机构负责补写。经过数朝统治者的努力，大大增加了图书的数量。

唐五代之后，国家藏书的主要机构仍然是三馆。宋朝初期，为了管理图书增设秘阁，神宗时在秘阁之上建立崇文院。三馆秘阁图书又分别收藏在宫廷内的玉宸馆、龙图阁、太清楼等处。

各地政府在北宋时都建有藏书机构，至南宋则十分普遍。如在江南十一府中，每府都有一定数量的藏书。藏书的大社会环境也促进了私人藏书风气的增长，当时“官稍显者，家必有书数千卷”。许多著名的私人藏书家在此时出现。当时收藏书籍达到10万册以上的私人藏书家有北宋初期的江正、宋绶、王洙、李方等，后期又有叶梦得、尤袤、陈振孙、晁公武、郑樵等人。

宋代政府在收集图书的同时，也非常注重图书的整理和校印。宋太宗及宋真宗时，政府曾多次组织人整书、校书。宋代科第考试中有学识的青年都被选拔到三馆秘阁出任馆阁学士。他们负责政府藏书的校对、整理和撰修，他们凭借渊博的学识和充裕的时间整理图书，编撰书目，从而使政府藏书的质量得以提高。《崇文总目》66卷，作为北宋时期的第一部国家藏书目录于仁宗景佑六年（1034年）通过整理、校订，历经七年而得以编成，其中著录图书30600多卷。

对藏书进行校订和整理的工作延续至南宋时期，国家藏书目录《中兴馆图书目》70卷编成于孝宗淳熙四年（1177年），该书共著录图书4.4万多卷，与《崇文总目》相比增加了1.4万多卷。图书数量到宁宗嘉定十三年（1220年）时又得到增加，政府于是又编制著录图书5.9万多卷的《中兴馆阁续目》。同时，史志目录《国史艺文志》也在宋代编撰而成。以后书籍印刷事业的迅速发展，在此时因为不断增长的国家图书财富以及质量的不断提高而得以打下了良好基础。

4. 繁荣发展的文化事业，十分活跃的学术思想

私人编撰图书的风气在国家重视并且收集图书的影响下日盛，从而促进了社会文化事业的迅速发展。许多私人藏书家大多学识渊博，且任职于馆阁，参加过校书编目工作，为个人藏书目录的编撰提供了便利条件。私人藏书目录在南宋后期超过了官修目录。私人藏书目录相较于政府藏书目录来说，具

《清明上河图》清晰体现了宋代气象

有更高的参考使用价值，并且在分类、著录、修订等编纂理论方法上对官修目录提供了改进的意见和方法。宋代著名的私人藏书家如吴竞、尤袤、郑寅、陈振孙、李淑、晁公武等人都编有自己的藏书目录。第一次记录图书的不同版本，开创著录版本事项先河的是尤袤编撰的《遂初堂书目》，此书有许多关于初期图书刻印的类型及印书地区的记载，是第一部反映图书有了印刷版本之后的藏书记录。因提要而被人称道的是晁公武的《郡斋读书志》和陈振孙的《直斋书录解题》。

北宋初年，由政府编纂的大型类书——《册府元龟》《太平御览》《文苑英华》内容各1000卷，以及500卷的《太平广记》，由此可见宋代的学术活动十分活跃。在经学方面，理学因为注重义理的社会氛围而得以产生。宋代极具影响力的理学家有北宋的程颐、程灏，南宋的朱熹，以及与他们三人持有不同观点的王安石、陆九渊等人。在史学方面，著名的编年体史书《资治通鉴》由司马光写成，郑樵完成了纪传体著作《通志》。当时编著的至今仍有价值的史书有欧阳修的《集古录》、吕大临的《考古图》、赵明诚的《金石录》。宋代出现了第一部目录学专著——郑樵的《通志·校雠略》。宋代科技也取得了可人的成果，例如，沈括的代表作《梦溪笔谈》总结介绍了宋代科技成果。在文学艺术方面，宋词是中国文学史的重要组成部分，并且评话兴

盛，诗文内容丰富，数百卷的文集也在此时出现。

印刷业随着活跃的社会学术思想以及大量问世的新学科书籍而得到了长足发展。

知识链接

最早刻印的道教图书：《刘宏传》

唐朝对佛教、道教和儒教兼收并蓄，任其自由发展。特别是道家，因其创始人李耳与唐朝皇族同宗，特敕加封为“太上玄元皇帝”。唐武宗会昌年间，道教盛行，道教徒对教义图书的需求量急剧增加，势必采用印刷术来复制道教图书。现知最早记载道教徒刻印道家图书的是唐人范摅。范摅是唐咸通年间人，自称“五云溪人”，著有涛话《云溪友议》，历史上不少不见经传的逸篇琐事赖以流传下来。范摅在其《云溪友议》中说“纥干尚书泉，苦求龙虎之丹十五余稔，及镇江右，乃大延方术之士，乃作《刘宏传》，雕印数千本，以寄中朝及四海精心烧炼之者”。《云溪友议》的这段文字，记载了唐朝大中年间江西观察使纥干臬刻印道家烧炼书的事情。时间大约在唐大中年间（847—849 年），也有人认为在会昌年间（814—846 年）。

现知道家应用印刷未复制道教图书，为何不是被定为士子必读的《道德经》《庄子》，而是道家的烧炼书《刘宏传》呢？看来这与当时的帝王、官宦迷信金丹，服用丹药，以求长生不老有关。纥干臬虔信丹药之功，刻印数千本烧炼丹药之书赠送给自己的同好。范摅又把纥干臬此举记载下来，可见当时人们对道家金丹的重视程度。

第二节 活字印刷术的发明与发展

毕昇发明活字印刷

公元960年至1127年是我国的北宋时期。北宋建立了统一的中国，结束了五代十国历时几十年的分裂割据局面。这种相对稳定的社会环境，再加上宋政府推行了较为开明的政策，从而使社会的经济和文化都很快地发展了起来。商业、手工业的繁荣和发展，科举制度的改进，为印刷业的发展创造了良好环境。已经使用了几百年的雕版印刷，这时才真正出现了繁荣昌盛的局面。印刷业的发展，也促进了造纸业的发达，据《宋史·地理志》记载，淮南路的真州，江南路的池州、徽州，两浙路的婺州、衢州，成都路的成都府等地，都是当时造纸的集中地。

雕版印刷不但在数量上呈现出繁荣昌盛的局面，而且在雕版技术、印刷质量上达到了很高水平，再加上纸和墨的精良，使宋代雕版印刷的书籍达到了高度完美的境界。但是雕版印刷毕竟工程浩大，要雕印一部书需耗费很长时间，这对大量快速地出版书籍无疑将是一个很大限制。在这种历史条件下，人们希望能有一种更快的方法来印刷书籍，这就促成了活字版的发明。

印刷技术的发展规律和其他技术也是相同的。当一种旧的技术已不能满足社会的需要时，一种新的技术就必然会取而代之。在中国古代历史上，一种技术的发展往往十分缓慢，但是这种不断变革、新技术的不断出现，并代

替旧技术的历史规律，是不会变化的。当社会对书籍的需求量还有限时，雕版印刷已能满足这种需要；而当社会对书籍的需求量大增，雕版印刷已不能满足社会的需要时，活字版技术应运而生则是必然的。

宋朝庆历年间（1041—1048 年），印刷史上的伟大创举——活字版诞生了。从此，印刷技术进入了一个新时代——活字版印刷的时代。这一伟大的发明者就是毕昇。

关于毕昇的生平事迹，以及他的发明经过，除了沈括在《梦溪笔谈》一书中的记载外，还找不到第二个文献资料。沈括只说他是个布衣，籍贯及生平一点都没有交代。所谓布衣，从字面理解就是没有做过官的普通老百姓。关于毕昇的职业，以前曾有人做过各种推测，但最为可靠的说法，毕昇应当是一个从事雕版印刷的工匠。因为只有熟悉或精通雕版技术的人，才有可能成为活字版的发明者。由于毕昇在长期的雕版工作中发现了雕版的最大缺点就是每印一本书都要重新雕一次版，不但要用较长时间，而且加大了印刷的成本。如果要保存印过的雕版，往往要用几间房子。如果改用活字版，只需雕制一副活字，则可排印任何书籍，活字可以反复使用。虽然制作活字的工程大一些，但以后排印书籍会十分方便。正是在这种启示下，毕昇才发明了活字版。

宋朝庆历年间，雕版印刷发展到全盛时代，这时印的书不但数量多，而且质量好。由于社会文化的发展、城市商业和手工业的繁荣，中下层人民也有了读书的要求，社会对书籍的需求量有了大幅度增加。在这种历史条件下，人们希望有一种更先进的印刷方法，以便快速地印刷书籍，毕昇正是在这种历史环境下发明的活字版。

发明活字印刷的毕昇

关于毕昇，我们只知道在他死后，其制作的泥活字为沈括的侄子所收藏，从这一点我们推猜毕昇和沈家或者是亲戚，或者是近邻。沈括是杭州人，毕昇可能也是杭州人。杭州是当

时雕版印刷较为发达的地区，活字版在这里发明，也是合情合理的。据《光明日报》载，1993 年初，在湖北发现了毕昇墓，其对考证毕昇生平又增加了新的资料。

关于毕昇的生平，除了沈括在《梦溪笔谈》一书中的片言只语外，至今还未查到其他有关资料，但这也绝不影响他作为伟大的发明家而载入史册。他所点燃的人类文明之火，照耀着近一千年的人类文明史，直到今天它仍然放射着光芒。关于毕昇的活字版技术，在沈括的《梦溪笔谈》一书中，全面地介绍了其全部技术和工艺。毕昇是用胶泥为原料制作活字，其厚近似于铜钱，刻好字后用草火烧过，使其更为坚固，实际上成为陶质活字。毕昇的排版方法是：先设一铁板，在上面布一层松脂、蜡和纸灰之类的混合物，再将一铁范放于铁板上，即可将活字整齐地排放于铁范内。当排满一铁范后，将铁板放于火上烤热，待松脂熔化后用一平板将活字压平，这一方面可以保证字面平整，便于印刷；另一方面可使活字牢固地附着于铁板上。为了使排版和印刷连续不断地进行，可以设置两块铁板，当一板印刷时，用另一块铁板排版。上一板印完时，这一板已经排好，使两个工序都能不间断地生产，从而大大提高了工作效率。为了满足实际排版的需要，毕昇所制活字每字要做几个，对使用频度较高的“之”“也”等字，每字则要做二十多个。毕昇的活字存放方法，是将活字按韵的顺序贴在纸上，存于木格内，以备使用。这种按音韵顺序存放活字的方法，也是毕昇的一大创举，这种方法后来一直沿用到了清代。

活字印刷的改进——木活字的出现

继毕昇发明了活字印刷术后，印刷技术上的又一重大改进是木活字版的应用。

关于木活字版的最早使用年代，过去曾有过各种不同说法。有人认为在宋代就有木活字本，并且提出了几种版本加以证明。其中，常被人们提到的是被称为宋本活字本的《毛诗》。由于该书的《唐风·山有枢》篇内的一版

中“自”字横排着，完全可以证明是活字版，但无法证明为宋活字本。总之，过去所提出的几种宋代木活字本都没有充分的根据，有的则被证明为明代版本。

到目前为止，最可靠的历史文献证明，木活字版为元代科学家王祯首创，这在他的著作《农书》中有详细记载。

王祯，字伯善，山东东平人。元贞元年（1295 年）任安徽旌德县尹，大德四年（1300 年）任江西永丰县尹。他十分重视总结推广农业先进技术，提倡种植桑麻黍麦，推行先进农具。他在历史上的最大成就，是写成 22 卷约 13 万字的《农书》。

关于王祯发明木活字的时间，他在《农书》自序中也有说明。他说：“前任宣州旌德县尹时，方撰《农书》……命匠创造活字，二年而工毕……后二年，予迁任信州永丰县，携而之官。”这就是说，王祯在任旌德县尹时，开始写《农书》，为将来印刷他的这部著作，于大德元年（1297 年），由他自己设计，请工匠开始制作木活字，两年完工，共制造了 3 万多个活字。大德二年（1298 年），他用这副木活字试印了《旌德县志》，取得成功。

王祯除了发明木活字外，还设计了转轮排字盘和按韵分类存字法，使活字排版的技术与工艺又大大向前推进了一步。王祯创制的这副木活字本身是计划印刷自己所著的《农书》的，但是在试印完《旌德县志》后，他就被调任江西永丰县尹，未来得及排印《农书》。他把这副木活字带到江西，但这时江西已把他的《农书》雕成版准备印刷了，因而能用这副木活字排印《农书》。

王祯的发明，在印刷史上占有重要地位。首先，他对毕昇的活字版技术做了重大改革。由于泥活字的制造工艺较为复杂，所以自这一技术发明后，使用的人却不多。王祯的木活字技术十分接近雕版技术，取材广泛，梨木、枣木、黄杨木等都可以用来刻制活字，成本也较低，只要是掌握雕版技术者都可以制作木活字。

由于王祯木活字排版技术的诸多优点，因而其推广和应用的广泛性远远超过了泥活字。在王祯以后的 20 多年，当时任奉化知州的马称德（广平人，

字致远)，也按照王祯的方法，“镂活字版至十万字”。于至治二年（1322年)，用这副活字版排印了《大学衍义》等书，其制作活字的数量和印数的规模，都大大超过了王祯。仅《大学衍义》就有20册43卷。可惜马氏所印的书与王祯所印的《旌德县志》，都未能流传下来。

元代的木活字印刷技术，还流传到了少数民族地区。法国人伯希和曾在敦煌发现并盗走元代的维吾尔文木活字几百个。现在存在北京历史博物馆的只有五个维文木活字。另据《中国通史》记载，“在敦煌一个地窖中曾发现一桶畏兀儿（维吾尔）文木活字，据考订为1300年的遗物。库车与和田也曾发现汉字、八思巴字和古和田文的木活字印刷品”。可见，王祯的木活字出现后，很快便流传到了全国很多地区。

虽然元代的木活字印本很少流传下来，有人提出的一些现存印本还没有最后确定为元木活字本，但木活字在元代的广泛应用应该说是有充分证据的。

木活字印刷的技艺

据史料得知，王祯木活字印刷法简而言之是“造板木作印盔，削竹片为行，雕板木为字，用小细锯锼开，各作一字，用小刀四面修之，比试大小高低一同，使坚牢，字皆不动，然后用墨刷印之”。王祯《农书》所记载的木活字印刷术从技术角度看，已经与现代的活字印刷术十分相似。后世的木、泥、锡、铜等活字印刷术在王祯木活字印刷术的基础上，对使用的材料及制作技术进行了改进。

1. 木料的选用与处理

与雕版相同，木活字的选料大多为质地软硬适中、纹理极为细腻、易于刻制的木材，如梨木、枣木等。制作时先把木料锯成厚度一致的木板，晾干后再进行刨制直至其厚度均匀。

2. 写韵刻字

首先将字分为上、下、平上、去、入五声，其一举是监韵内可用字数，然后根据分韵选择所用的字并抄写下来。挑选善于写字的人依据活字的大小，分门别类地将挑选出的字样抄写好。

用糨糊整齐地将抄写好的书样反贴在刨平的梨或枣木板上，然后工匠进行刊刻。刊刻时在字与字之间留出以备锯截的锯缝。多刻用比如语助词“之”“乎”“者”“也”及数目字等常用的字，并且分门别类，字数为三万多个。

3. 镂字修字

刊刻之后，小心仔细地用细齿小锯将木活字锯成独立的个体，装在筐子等容器内。准备一个用以检测木活字大小的标准物——“准则”。把活字的五

少见的木活字

个面用小刀进行修整，将修理后的木活字放到准则内测量过后凡符合要求的则单独放在字柜或字盘中。

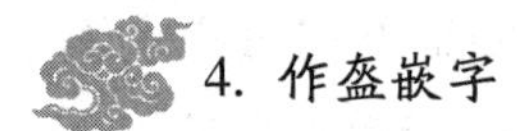

4. 作盔嵌字

依据原先的监韵将刻好的木活字分门别类，按类别装在木盘内。把竹片放在每行字之间将字夹住，木盘摆满之后用木楔楔紧。然后，依照监韵分出的五声将木盘放在检字的转轮上，为了方便查找在转轮上用醒目的大字标记出来。

5. 造转轮

制造检字用的转轮选用材质较轻且不容易变形的木料，如杉木、桐木或柳木等，轮轴与底座则选用硬木，如橡木、檀木、枣木、棠棣等。转轮的直径约七尺，轮轴高约三尺。在大木砧上开凿出圆形的轮臼作为底座，在上面安装支架，支架在中间开有圆孔。选取由硬木制成的轮轴，在大木砧的轮臼内安放轮轴的下端，将其固定在支架的圆孔中，整个轮臼与轮轴用木工旋床加工成正圆形，如此一来，轮轴与轮臼配合十分紧密，而且转动时又平稳灵活。把装木活字的木盘铺就在转轮上的竹笆上，木盘摆放的次序是按板面上标记的号码。一般转轮由两个组成，一个转轮上按监韵的五声排列木活字，另一个转轮上放置语助词“之”“乎”“者”“也”及数目字等常用的杂字。检字时，操作人坐在两个转轮之间，根据要求推动左右两个转轮，通过此方法便可以很快地找到所需要的字。活字印刷完毕之后，要将使用过的字重新放回到原来的声韵内，极大地方便了下次选取活字的过程。

6. 检字

再次抄写一份从监韵上抄写下来的字，号数标注在册中每面所有的字当中，与转轮上的门类一样。检字时，一人根据另一个人喊出的声韵号数，从转轮的

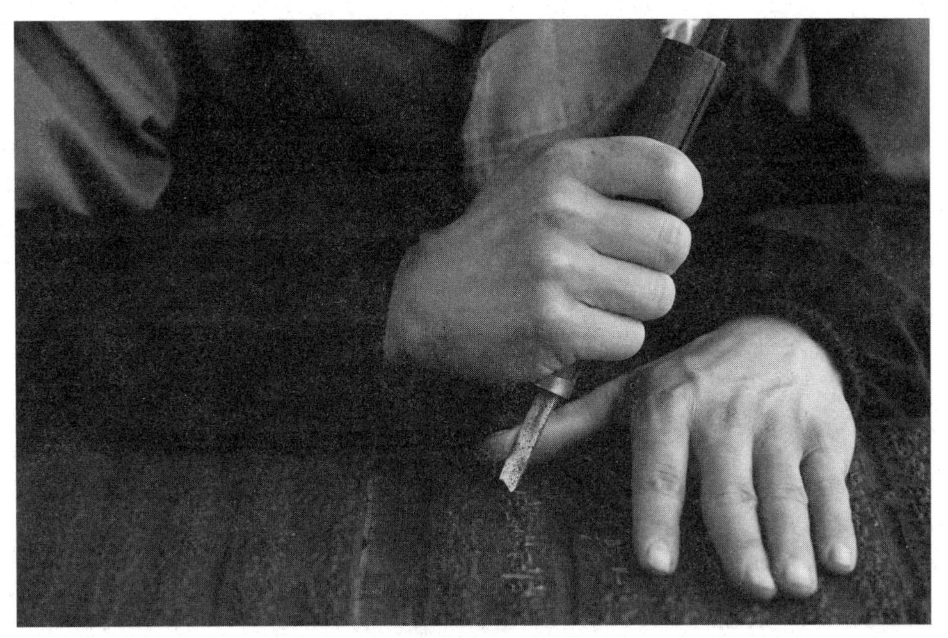

印刷术刻字

字盘内根据号数取字，将选取的字放在排版印刷所用的木盘内。如果发现原韵中缺少的字，则立刻让刻工着手刊刻添加。现代使用的电报码或区位码与古代所用的这种在活字上标出数码按号检字的方法如出一辙，古代的这种分类法数码与汉字之间的关系是一对一的，没有重复现象，与现代的汉字拼音码的按韵分类检字法相比，具有更快的速度和更高的准确率。这种举世闻名的分类法对后世产生的影响至今仍然无法估量。

7. 排版（作盔安字）

根据书面的长度和宽度，将准备好的一块平直干燥的木板用木条围成一个方框。按先左后右的顺序将检出的字按行排列，等到一块版排满之后，再在右边放上竹制或木制的界栏，用木楔楔紧，使盘内的活字成为一块整版。盘内的活字为了保证印刷的质量，高低相同。同时，准备一些削得厚度不等的小竹片，在印刷时遇到盘内活字高低不同时，将小竹片垫在活字底下，使活字变得齐整而方便印刷。

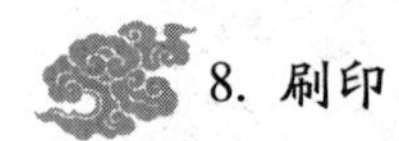

8. 刷印

蘸墨之后的棕刷在版面上沿着界行竖直刷墨，不可采用横刷的方法。印版上的墨刷好之后，在版面上铺好印纸，然后用干净的棕刷顺着界行刷印。等到待印版上的墨迹全部清楚地转印到印纸上之后，再把印纸揭下晾干。

金属锡铸活字的问世

唐初的雕版印刷术，北宋毕昇的胶泥活字印刷术，以及元王祯的木活字印刷术，都是由我国首先发明的，已是世人公认的事实。但是，有些西方学者认为，采用金属铸字的活字印刷技术，是以德国古腾堡15世纪中采用铅铸活字印书而发明的。而事实是，大约在13世纪后期，亦即在宋末元初之际，我国就发明了用金属锡铸造活字来印刷图书的技术。这一事实在元代著名农学家、发明家王祯的《造活字印书法》中有清楚的记载。王祯记述说：

老子锡活字本

“近世又有铸锡作字，以铁条贯之，作行，嵌于盔内，界行印书。但上项字样难以使墨，率多印坏，所以不能久行。”

从以上记载中可知，采用金属锡造活字的工艺是“铸锡作字”，就是把锡加热熔化后，将锡液浇于字模中铸成单字的，而不是像采用胶泥或木料那样直接用刀在上面刻成单字的。尽管王祯没有详细记述熔锡铸字和字模制作的过程等，但“铸锡作字”的记录，则是明明白白地说明了当时已经有人采用金属锡铸造单字的事实。这就是说，在毕昇发明泥活字印刷术不久，我们的祖先又发明了

金属铸字工艺。这对于七八百年前的古代来说，真可以说是人类科技史上辉煌的进步。

王祯造木活字印书是在元建国后二十几年。他的《造活字印书法》主要是记述他发明的用木活字印刷图书的技术。而他在这篇活字印刷术的珍贵文献中记载的“铸锡作字”印书法，是发明于他创用木活字印书法之前，因此，我们可以知道，采用金属锡铸活字印书的技术发明于宋末或元初，即13世纪晚期或更早一些。这要比谷登堡铸铅字印书至少提早一百多年。另外，我国的活字印刷术于13世纪初传入朝鲜，大约到13世纪30年代朝鲜就铸作出铜活字并用以印造图书了。这些事实就推翻了西方学者所谓“创用金属活字的荣誉则仍应归功于欧洲”的说法。

是什么人在宋末元初发明了用金属锡铸字印书的方法，又在什么地方印刷过什么图书？王祯没有记载，后人也无从得知。但王祯谈到，铸锡作字来印书“难以使墨，率多印坏，所以不能久行”。这说明用金属锡铸造活字的技术已经发明，但与之配套的油墨制作及印刷技术尚没有跟上，所以没有得到推广使用。尽管宋末元初发明的铸锡活字印刷技术没有推广开来，但铸锡造字的工艺却被后人继承了下来，并且为改进油墨制作和施墨印刷技术不断地进行着探索。

据文献记载，大约在公元15世纪中至16世纪初（约1450—1510年），即明天顺至正德初，江苏无锡大出版家华燧曾铸造过锡活字并用来印刷图书。明华渚《勾吴华氏本书》卷三十《华燧传》说：“少于经史多涉猎，中岁好校阅异同，辄为辨证，手录成帙……既乃范铜板锡字。凡奇书难得者，悉订正以行。”华燧是明代采用铜活字版印书的著名出版家，印刷过许多图书。只可惜关于他铸锡活字印书的情况只有这样简单的记述，使人难解详情。华燧印书，离宋末元初发明的铸锡活字印书仅200年左右，而且当时也有王祯《造活字印书法》关于“铸锡作字”的记载，故华氏根据前人经验铸锡活字印刷图书是不奇怪的。

到了清道光年间，也就是在华燧用锡活字印书后又过了300多年，广东佛山有位姓唐的出版印刷专家也铸造成了锡活字。其铸字方法是，先在木块

上刻反写阳文字，再把字盖印到澄浆泥上，得到正写阴文字模，然后把熔化的锡液倒入字模，得到反写阳文锡字。他先后铸锡活字20多万个，并用来印刷了《文献通考》348卷。

知识链接

我国的家刻之始

在书籍、印刷、出版史上，对私人出资刻书，谓之“家刻”。一般说来，家刻的书错误少、质量较好。印刷发明初期，具体讲在唐朝这段时间里，所刻印的图书都出自书坊和寺院教徒之手。家刻的出现当以五代初的毋昭裔私刻《文选》《初学记》和《白氏六帖》为最早。

毋昭裔，五代十国时后蜀蒲津人。自幼好学，酷爱古文，精于经术。据史载，毋昭裔初时家境贫寒，没钱买书，只好向别人去借。由于当时的书籍差不多都是手抄本，非常珍贵。他曾经向人借阅《文选》，对方流露出为难的神态，似乎不大愿借。毋昭裔叹而发愤曰：“恨余贫，不能力致，他日稍达，愿刻板印之，庶及天下学者。”后蜀时，孟知祥提升他为御史中丞。孟昶执政期间，毋昭裔历任中书侍郎、左馔射、太师等职。乃曰：“今可以酬宿愿矣!”遂践其前言，自己出钱，于后蜀二年（935年），命其门人句中正（字坦然，华阳人，后蜀进士，精于字学，后杜门守道，以文翰为乐）、孙逢吉（成都人，官国子毛诗博士）手书《文选》《初学记》《白氏六帖》等书刻板印行，开创了我国家刻之先河。

毋昭裔除私刻《文选》等书外，还刻印了《九经》和不少史书，大大推动了当时蜀地的印刷，对整个文化事业的发展做出了重要贡献。

第三节 宋元时期印刷术的应用

两宋纸币的印刷

国家纸币的发行与国计民生有着重大关系，因此国家严格控制纸币的发行。北宋四川始用的私交子，作为民间通行的信用券，在使用之初流通较好，促进了商业的发展，但后来因为信誉渐失，于宋仁宗天圣元年（1023 年）由政府收归官办。真正意义上的由国家发行的纸币是天圣二年（1024 年）政府正式发行的官交子。官交子采取分届的方式发行，一届为三年，届满以旧换新。“官交子”是中国最早发行的官方纸币 。宋代纸币自从宋仁宗天圣元年（1023 年）收归官办之后，在 250 多年间，先后发行了交子、钱引、小钞、关子、公据、会子，以及地区性的两淮交子、湖北会子等多种货币。其中，交子的流通时间最长，会子的发行量最大；北宋时发行交子、钞引和小钞，南宋时发行关子、公据和会子。基本情况如下。

1. 交子

交子最初由民间发行，后来收归官办，是最早出现的纸币。官办交子被称为“官交子”，朝廷在四川设有“益州交子务”，官交子开始分届发行于天圣二年（1024 年）。第一届发行量达到 120 多万贯。政府发行交子有明确的规定，按届发行，一届为三年，届满以旧换新，每届发行数量参照第一届。

北宋交子

但在实际发行中数额屡次超标。

发行于天圣元年（1023 年）的官交子，在纸币上印有两颗官印——“益州交子务”与“益州观察使”作为防伪标识。北宋交子是目前为止发现的时间最早的一块纸币印版的拓片。这块纸币印版的材质为铜质，版面为长 16 厘米、宽 91 厘米的竖长形。“除四川外许于诸路州县公私从便主管并同见钱七百七十陌流转行使”这 29 个字刻在印版的上半部。下半部所刻的图形是人物、房屋、成袋的包装物以及在房屋外面的空地上有三个人正在搬运货物。票面上没有刻印货币的名称，但根据古朴的票面图案、出土于四川以及没有出现货币名称等信息可以基本判定这是早期的交子印版。

2. 钱引

北宋于宋徽宗崇宁四年（1105 年）进行纸币改革，决定在除四川、福建、浙江、湖广等地各路开始改用“钱引”。四川废弃交子开始使用钱引则是在大观三年（1109 年）。

中国的纸币从交子到钱引，在印刷时从版面图案设计到印制工艺都得到了极大提高。此种改进在元朝费著的《楮币谱》中有详细记载。彭威信先生在《中国货币史》中介绍说：每张钱引用六颗印来印制，分三种颜色，这是多色印刷术的开始。第一颗印是敕字，第二颗印是大料例，第三颗印是年限，第四颗印是背印，这四颗印都是用黑色。第五颗印是青面，用蓝色。第六颗印是红团，用红色。六颗印都饰以花纹……

由此可见，与交子相比，钱引的防伪性能更加强大，并且有着更为复杂的

票面图案设计和印刷技术。虽然钱引所用的多色套印技术仍稍显简陋，但是与前代相比也有所进步。所以，钱引在印钞史和印刷史上都有着十分重要的地位。

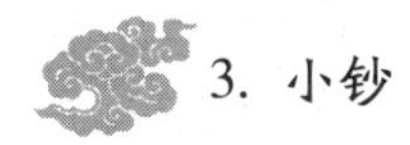

3. 小钞

宋代政府于宋徽宗崇宁五年（1106 年）对当十铜钱的流通进行了改革：只在京师和陕西、河北、河东三路继续流通当十铜钱，其余各路均用纸币把当十铜钱收兑回来。收兑所用的纸币是名为“小钞”的新纸币。该“小钞”面值最大的是一贯。

4. 关子

一套宋代“金银见钱关子”印版在 1985 年年底举办的“安徽省文物珍品展览会”上获得了专家们的重视。这套印版的来源是安徽省东至县的废品收购站收购于当地农民之手，一共八块。东至县地方志办公室听说以后将其从废品站购买过来，而后转交于县文物部门。

这套八块的印版其材质为铅。面额为“壹贯文省”，票面版 22.5 厘米高，15 厘米宽。版首以花鸟图案加以装饰，尾部的货币图形是金、银、铜三种材质的，“行在榷货务对椿金银见钱关子”13 个字横着写于额下。“壹贯文省”4 个大字竖书于再下正中。内容为“金银见钱关子”的行使范围和条例以三行端楷小字竖书于大字左右。

5. 公据

印制于南宋高宗绍兴二十九年（1159 年）的公据流通时间比较短。

6. 会子

最初起源于民间的会子，是宋朝发行量最大的纸币，在民间流通时称为“便钱会子”。会子由政府官办、户部发行始于南宋高宗绍兴三十年（1160 年）。用以发行会子的会子务于 1161 年在临安府（今杭州）设立，其运作方

式仿效四川发行钱引的方法。

“便换”即是指便钱会子，由户部发行以后，起初一会为以“一贯”，后又增发“二百文”“三百文”“五百文”。乾道四年（1168 年）规定一界为三年，后因出现两界、三界并行的情况而造成通货膨胀，致使会子贬值。现存流通于南宋时期的“会子”印样被称为“行在会子库”。该版的材质为铜，是极为珍贵的历史文物，现由中国国家博物馆保存。令人惋惜的是目前为止，只出土了一块该会子印版，没有发现其他颜色的印版。

7. 淮交等地区性纸币

宋朝有许多只在较小范围内流通的地区性纸币。例如，前面所述的在四川地区通行的钱引——“川引”，其流通范围就仅限在四川。另外，“淮交”指的是仅限在淮南使用的交子，“湖会”指的是仅在湖广使用的会子，这些都是地方性的纸币。其中，“淮交”的发行量在宋孝宗时达到了 400 万贯。

宋朝在中国历史上是轻武重文的朝代，所以在其统治中华大地的时期，宋朝因兵力衰弱而不断遭到北方各少数民族政权的侵扰。宋朝本身国库开支就因为庞大的军费开销而入不敷出，还要每年向契丹、西夏、女真等少数民族政权缴纳贡品。如此一来，宋朝就开始大量发行纸币以应付经济困境，因而出现了“天下大计仰给于纸”的现象。宋乾道四年（1168 年），因“蜀远纸勿继，诏即临安府置局，在西湖赤山湖滨，工徒无定额，咸淳时（1265—1274 年）在者 1200 人”。另外，“临安府会子库，绍定五年（1232 年）因毁重建。以都司官提领，工匠凡 204 人”。当时纸币的发行量十分巨大，根据上述引文得知，1200 人所造的纸供给 204 人印刷纸币，由此可见一斑。

金朝纸币的印刷

女真族部落于北宋时期聚居在北方辽国东北长白山和黑龙江流域。1115 年，金国由女真族完颜部领袖阿骨打创建，把会宁（今黑龙江阿城南）建为都城。金国在很短的时间内迅速发展壮大，于 1125 年灭掉辽国，1126 年灭掉

北宋，然后迁都中都（今北京）、开封，国力强盛的金国与南宋以秦岭淮河为界，分治北南。宋金于1141年实现第二次议和以后，政治军事冲突减少，在和平的环境下工业、手工业得到恢复和发展，金朝的商品经济发展迅速。随着经济的发展，对货币的需求量也日趋增多，纸币在此种社会经济环境下应运发行。

金国于金贞元二年（1154年）设立“交钞库”印发纸币“交钞”。最初发行于黄河以南，后来在全国范围内流通。其最先发行的纸币“交钞”有两种构成：一贯、二贯、三贯、五贯、十贯的大钞；一百、二百、三百、五百、七百的小钞。以七年为期限，钱与钞券并行，到期限时用旧钱换新钱。金朝于金世宗大定二十九年（1189年），取消七年厘革限定，规定无限期流通。因流通时间长而变得字迹模糊者，可以向官库交纳十五文的工墨费来用旧钱

金代交钞

换新钱，后来将工墨费改为六文。

金朝中央政府统一印制金朝的“交钞”，发行了60余年，分路管辖发行。为加强纸币印制与发行的管理，中央政府设置“印造钞引库”和“交钞库”机构，以加强纸币印制与发行的管理。同时，还设立由印造钞引库兼管的“抄纸房”，生产钞引专用纸。各路设有转运司以管理纸币的发行。“印造钞引库”和“交钞库”以及“抄纸房”，均设有官职“使、副、判各一员，都监二员”等，由中央政府尚书户部管辖。可见，金朝有着严密的纸币印制与发行的机构，并且管理十分先进。但是因为金钞不分届，并且政府又不断印发新钞，不断出现新的钞名，如此一来，在市场上同时流通着各种名称的新钞与旧钞。随着金钞数量的增多，金钞越来越贬值，至元光元年（1222年），万贯交钞甚至买不到一张饼。后来，金钞通货膨胀日益严重，基本等同于废纸。很快，金朝就在蒙汉（南宋）联合夹击下覆灭了。

金朝统治的数百年间，发行过多种纸币：交钞、贞佑宝券、贞佑通宝、兴定宝泉、元光重宝、元光珍宝等。其中，交钞是使用时间最长的，是印钞史上第一个绫币元光珍宝。此处简单介绍一下各种纸币的情况。

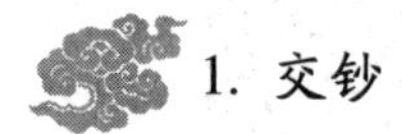

1. 交钞

贞元二年（1154年）开始发行交钞，此时交钞与钱同时流通，八十为百，期限为七年，共发行了60多年，终止于贞祐三年（1215年）改发贞佑宝券。在流通的六十多年内，交钞的发行期限于金大定二十九年（1189年）改为无期。此时纸币发行十分方便，因为没有用以稳定币值的防范措施，也没有针对出多如少弊端的解决方法，很快交钞就因为发行过度而严重贬值，没过多久就被废止了，于是新钞开始发行。

2. 贞□至元光年间发行的纸币

在金贞佑三年至元光二年（1215—1223年）短短8年时间内，货币发行种类众多，多达5种。其间，贞祐三年（1215年）发行“贞祐宝券”；兴定元年（1217年）将“贞祐通宝”与宝券同时发行；元光元年（1222年）“兴

定宝泉”与通宝同时流通；元光二年（1223 年）发行“元光重宝”、绫币“元光珍宝”。特别值得注意的是，金元光二年发行的“元光珍宝”不是纸币，而是由丝织物“绫”为承印物的“绫币”。以织物为承印物印制货币开创了中国印钞史上的新纪元。织物货币对于印刷史的研究具有重要参考价值，它在中国印刷术的织物印刷之中具有较高地位。

3. 金代最后发行的纸币“天兴宝会”

金朝在其统治末期，于金哀宗天兴二年（1233 年）十月在蔡州发行了金朝最后一张纸币“天兴宝会”。“天兴宝会”的面值分为四种：一钱、二钱、三钱和四钱。此纸币的单位是银两，规定可与现钱流转。但是很快，“天兴宝会”就随着金朝的覆灭而消失了。

元朝纸币的印刷

可将元朝印发纸币的状况分为四个阶段，下面简单介绍一下。

第一个阶段是纸币的发行仿照宋、金二朝，时间是在元世祖进入中原、统一币制之前。这一时期，1253 年政府设立了交钞提举司以管理纸币的印发，但各地的纸币仍是各自发行，并没有实现统一。譬如，发行于元太宗八年（1236 年）的交钞，各地独自发行使用，而没有互相流通。同时，在博州何实曾发行过会子。

第二个阶段是币制统一以后，发行了中统钞。时间为元世祖入主中原之后。中统钞有两种——“中统元宝交钞”和“中统元宝宝钞”。“中统元宝交钞”发行于中统元年（1364 年）初，“中统元宝宝钞”则发行于同年十月。元朝最主要的纸币是中统钞，共发行了 10 种面额。当时发行的中统交钞单位为两，一两银子折换交钞“二两”；“一贯”中统宝钞折换成交钞“一两”，“四两”折银一两。元中统元宝交钞十文是现存最早的古代纸币实物之一，这是面值最小的交钞。名为“厘钞”的小额纸币于元至元十二年（1275 年）开始增发，共计有三种——“二文”“三文”“五文”。元代政府在户部设印造宝钞库、宝钞总库、诸路宝钞提举司，作为印发纸币的金融机构，各机构设一员达鲁花赤。又有昏钞库负责废旧钞，设监烧昏钞官。

第三个阶段是“至元通行宝钞”的发行，时间为元世祖至元二十四年（1287 年）。“至元通行宝钞”共计 11 种——“五文”“十文”“二十文”“三十文”“五十文”“一百文”“二百文”“三百文”“五百文”“一贯”“二贯”。“至元通行宝钞”与原发中统钞并行流通。至元钞与中统钞的换算方法是一比五，即一贯至元宝钞可兑换五贯中统钞。此外，“至大银钞”曾于元武宗至大二年（1309 年）发行，共有 13 种面额——从“二厘”到“二两”不等，至元宝钞与银子的兑换方法是五比一。宋仁宗在至大银钞印发很短的时间内就下令将其废止。最初元代纸币印刷使用的工艺是木雕版印刷，后于元至元十三年（1276 年）改为铜版雕刻印刷。

第四个阶段是“至正交钞”的发行，具体时间为元顺帝至正十年（1350 年），与元宝钞的换算方法是一贯折至元宝钞二贯，或钱千文。该段时间元代濒临灭亡，政府面对巨额的军费开支毫无办法，只能靠发行纸币解决财政问题，结果因纸币泛滥造成了货币严重的贬值。

元朝建立了一套具有世界影响力的最早的纸币流通制度，严格控制纸币的印刷与发行。元朝在设立专门机构管理纸币的发行同时，制定了一系列维护纸币流通的制度、措施，例如，为了筹备纸币的准备金，国家大量购买金银收于国库，以维持钞价的稳定等。但是由于元代末年忙于征战，纸币发行量日盛，结果导致货币贬值，陷入通货膨胀的恶性循环，加速了元朝的覆灭。

两宋佛经印刷

进入宋朝以后，佛教的印刷有了一个飞跃，其表现为：一是印刷规模较大的书籍，分布更加广泛，不但寺院刻印佛经，而且一些印刷作坊也刻印；二是政府的重视，能拿资金来刻印佛经的总集。

宋代建国初期，一方面重视收集儒家的经典；另一方面着手刻印大藏经。开宝四年（971 年），派遣高品、张从信到成都负责雕印这部佛经总集，至太

宋佛经印本

平兴国八年（983 年）完成，历时 12 年，共雕版 13 万块，可见工程之大。后来称这部藏经为《开宝藏》或《蜀藏》，是我国历史上最早印刷的、规模最大的佛经总集。

这部藏经印成后，分藏于南北各大寺院，并赠送西夏、朝鲜、日本、越南，但流传至今的只有几卷了。它之所以在印刷史上占有很重要地位，是因为通过这次大部分书籍的印刷开创了宋代大批量印刷书籍的先例，为宋代印刷业的发展起到了一定的促进作用；同时，对朝鲜、日本等邻近国家的印刷事业也产生了很大影响。

除《开宝藏》的雕印外，在福州也进行过两次佛经总集的雕印。一次是于福州城外自马山东禅寺院，由住持慧空大师冲真、智华、契璋等通过募捐、

化缘而雕印的《大藏经》，雕印工作从元丰三年（1080 年）开始，至崇宁二年（1103 年）完成。共计 500 余函 6434 卷，其数量超过《开宝藏》，可见工程之大。这是历史上第一次由民间集资雕印的佛经总集，历史上称这部《大藏经》为《崇宁藏》或《福州东禅寺万寿大藏》。

在福州进行的又一次大规模雕印佛经的工程，是福州开元禅寺发起，由民间集资雕印的《毗卢大藏经》。这一刻印工程开始于政和二年（1112 年），完成于绍兴二十一年（1151 年），其规模也比《开宝藏》多 1000 余卷，这是因为加入了宋代新译的佛经。该经卷和《崇宁藏》一样，半页 6 行，每行 17 字，为经折装。

自南宋中期开始，又进行了一次更大规模的佛经刻印工程，这就是著名的《碛砂藏》。它由于刻于江苏吴县南境陈湖中的碛砂延圣院而得名。宋乾道年间由寂堂禅师创建，于绍定四年（1231 年）设经坊（又名大藏经局），开始刻印全藏，藏主为法忠禅师。元代至治二年（1322 年）全部刻印完成，共经历了 91 年时间。《碛砂藏》共 6313 卷，收录佛经 1521 种，按千字文顺序编号，每半版 6 行，每行 17 字，用经折装，装入 591 函。

为了刻印佛经，碛砂延圣院设立了专门的印刷作坊，称为经坊，资金来源都由施主捐赠，因此，刻版印刷的进度往往与捐赠资金的数量有关，而进度最快的是端平至淳祐这 20 多年时间。一直到元代才完成，其间几乎没有间断。

崇宁年间（1102—1106 年），江苏地区刻印的《陀罗尼经》，是一种以图为主、以文为辅的佛教宣传品，它如同今天的连环画一样通俗地向人们讲述佛经。这种版面形式，对后来的插图书籍有一定影响。南宋临安府贾官人宅雕印的《佛图禅师文殊指南图赞》，也是一种图文并茂的佛经。《中国版刻图录》中收入的北宋崇宁三年（1104 年）秀州（嘉兴）刻印的《金刚般若波罗蜜经》，也是保存下来较早的佛教印刷品。

宋代的佛教印刷，在印刷史上占有重要地位。首先，大批量佛经的刻版印刷，促进了印刷业的发展，造就了一批刻版、印刷的能工巧匠。因为佛教印刷或由政府出资，或由信徒捐款，有足够的经济来源，从而可以保证刻、

印工匠有较好的收入，吸引了一批人从事刻、印行业。其次，佛教印刷品一般都配有一定量的插图，也为图版的雕刻培养了人才，特别是一些通俗的佛教宣传品，首创了以图为主或图文并茂的图解形式，对后来的书籍刻版印刷产生了很大影响。南宋以后以致元明的通俗读物，无不吸收这种形式。

元代的宗教印刷

元代的统治者占领中原后，除了大力吸收汉文化外，还极力倡导宗教，除了道教只在断续的时期提倡外，主要占统治地位的是佛教。

在元代所刻印的佛教经卷中，最有名的是杭州路的《普宁藏》和平江府的《碛砂藏》。《普宁藏》刻印于杭州路余杭县白云山的大普宁寺。宋代末年开始筹备该藏经的刻印，并成立了普宁寺刊经局，由道安、如一等和尚主持。其经费来源为向附近民间捐资布施。

《普宁藏》大约于南宋成淳五年（1269 年）开始刻版，到元泰定元年（1324 年）全部刻印完成。该藏为千字文编号，起于“天”字终于“约”字，共 560 函 5931 卷 5368 册。该藏为经折装，每版 30 行，版框高 25 厘米，每行 17 字，折叠后每面 6 行。

《碛砂藏》是由于刻印于平江府碛砂延圣院而得名。在《中国版刻图录》中关于《碛砂藏》条中说：“碛砂延圣院在吴县南境陈湖中，宋乾道间寂堂禅师创建。绍定四年设经坊，一名大藏经局，开雕全藏。藏主为法忠禅师。嘉熙、淳祐间校刻经卷甚盛，至元至治二年，共历 91 年始告成。”这就是说，从南宋绍定四年（1231 年）至德祐二年（1276 年）元军占领临安，在南宋共进行了 44 年。而从至元十三年（1276 年）至元至治二年（1322 年）全部完工，在元代共进行了 53 年。这说明这部经卷的近一半工程是在元代完成的。而这种经历了两个朝代将近一个世纪的时间，刻印成这部佛经总集，在历史上还是少有的。

这部经卷为经折装，千字文编号，由“天”字开始，至“烦”字结束，共 591 函 1532 部 6362 卷。《碛砂藏》经版于清代初期仍保留于该寺。另外，

在西安的卧龙寺和太原崇善寺都有该经卷贮藏。

元代的汉文佛经刻版印刷，除了上述的《普宁藏》和《碛砂藏》工程较大外，在其他地区也有刻经的记载，如福州的开元庄严禅寺于大德十年(1306年)，曾募缘补刻过宋版《毗卢大藏经》。在建阳县的报恩万寿寺，于延祐二年（1315年）也曾集资雕刻过《毗卢大藏经》，但不知是否刻完。至元二十七年（1290年）元世祖曾派工匠去补刻《高丽藏》。蒙古宪宗六年京兆府龙兴院也曾刻印过佛经。这也是元代陕西印刷的记载。

元代，除各地寺院刻印汉文佛经外，还用蒙古文、藏文和西夏文刻印佛经。元武宗至大年间（1308—1311年)，曾根据藏文《大藏经》翻译并刻印了一部蒙文《大藏》。元世祖曾颁令造河西字、吐蕃字藏经版。所谓河西字即西夏文，吐蕃字即西藏文。

关于元代藏文佛经的刻印，据说在元仁宗时（1312—1320年)，有西藏人嘉木样，在西藏札布伦寺西南的奈塘寺刊刻了一部藏文《大藏经》。管主八

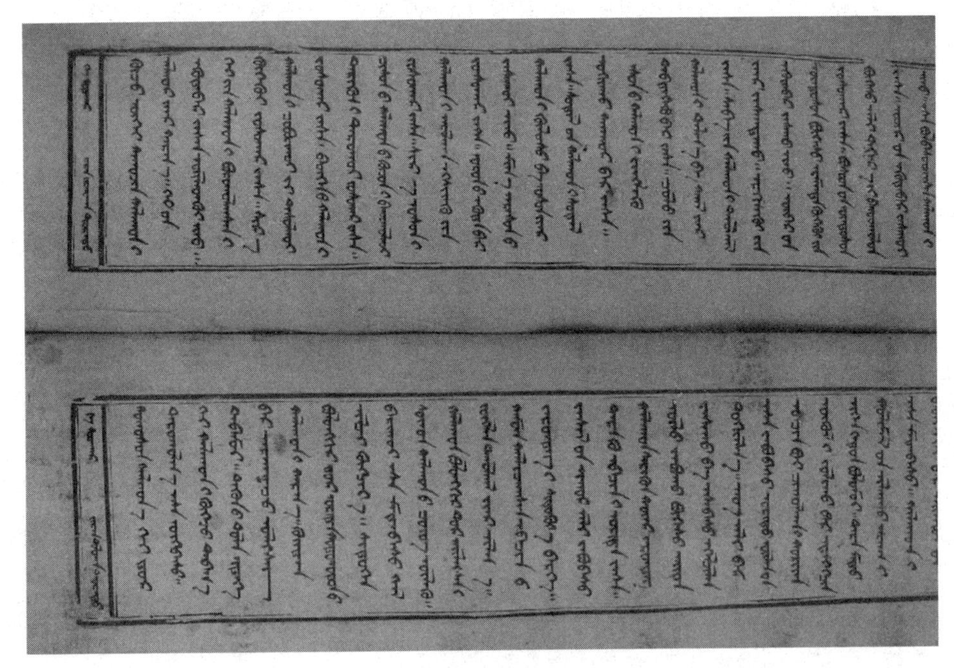

蒙文古佛经

于大德六年（1302 年）曾印装《西番字乾陀般若白伞》30 余件，经咒各十余部，散施西藏等处，流通诵读。武宗至大年间（1308—1311 年）曾据藏文大藏翻译刻印过蒙文《大藏》。关于道家经卷的印刷，主要是元朝建国前的蒙古国时期在平阳进行过大规模的《道藏》刻印。元朝建国后，统治者对道教曾几次进行限制，使道教的势力被大大削弱。据元《通制条格》卷 29 记载，至元十七年（1280 年）“长春宫先生每（道士们）五百来个把着棍棒打和尚每（们），与和尚每争夺观院。结果把打和尚的先生每杀了两个为头儿的，其余割了耳朵，鼻子充军”。这说明在佛道两教的斗争中，道教失败了。至元十八年（1281 年），元世祖下令除《道德经》外，《道藏》经文并印板尽行烧毁。当年十月，“集百官于悯忠寺焚《道藏》伪杂书，遣使诸路，俾遵行之，分付（吩咐）差去官眼同焚毁。”因此，各地的道藏经版及印本大都被焚烧，当然就更谈不上重新刻印了。

知识链接

最早出现的印刷字体——宋体

现在印刷品上使用的字体可谓种类繁多。这些种类繁多的、用于印刷的字体，是在印刷发明后，随着印刷事业的发展逐渐发展、演化而来的。在明朝以前，唐、五代、宋、金、辽、元各朝，都是靠手写上版，其字体是模仿以往历代书法家，譬如欧阳询、颜真卿、柳公权、赵孟頫等人的笔势端楷写出，凭此刻版印刷的。由于书手众多，又没有统一的标准，致使印刷品上的字体似颜非颜、似柳非柳，有失字体的原有风韵。为适应印刷刻版对字体在工整、易刻等方面的需要，自宋至明，逐渐形成了一种“横

轻直重”便于雕刻的印刷字体，人们称它为“宋体”。印刷字体虽然名为“宋体”，但实际上它形成于明朝，因此日本称它为“明朝体”。用宋体字刻版，各书虽出自不同书手，但字形却无大差异，其字画横平竖直，便于刻版和印刷，大大提高了生产效率。宋体字作为“印刷字体”的出现，是雕版印刷史上的一大进步，对后世各种印刷字体的出现产生了深远影响。这种字体虽不及欧、颜、柳、赵等书写体来得美观悦目，但它易写、易刻、工整，颇受人们的喜爱和重视。因此，明朝人说它：“字贵宋体，取其端楷庄严，可垂永久”。时至今日，作为印刷体的宋体字，已成为书籍报刊等印刷品上的主要字体而被广泛使用。

第五章

印刷术的延续——明清时期的印刷术

明清的雕版印刷技术更为精湛，日趋完美。除雕版印刷外，活字、套色印刷也得到实际应用与发展，而且专用印刷字体开始成熟并广泛应用。但随着清末西方列强的入侵，西方科技与文化输入中国，传统的印刷术开始走向衰落。

第一节 明清印刷术的发展

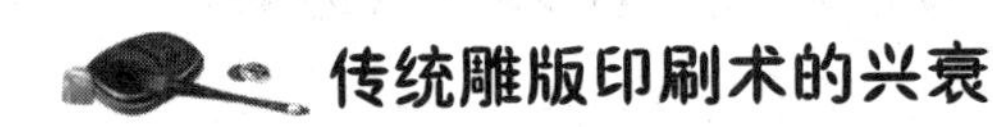

传统雕版印刷术的兴衰

明代的印刷业分布很广，几乎遍及全国，是古代印刷业最兴盛的时代。其重点是南京、北京、建阳、杭州、徽州、苏州等地区。

明政府十分重视印刷，最大的印刷部门是国子监和司礼监，此外，如秘书监、都察院、钦天监、太医院、礼部、兵部、工部等部门也都从事印刷。国子监一分为二，设在南京的称南监，设在北京的称北监。南京国子监历史久、规模大，刻印经、史、子、集各类书籍270多种，远远超过北监。司礼监是内府最有影响的印刷部门，下属的经厂是一个专门的刻书机构。所刻书有《佛藏》《道藏》《番藏》《大明律》《贞观政要》等170多种。经厂印本一般刻工和纸墨都很精良，可以代表当时的较高水平。政府其他部门的印书，多与自己的业务范围有关，如礼部印刷过《大明集礼》《登科录》《会试录》等书。钦天监负责印造《大统历日》颁行天下。明代地方政府的印刷规模也超过以前，其印刷的内容有地方志、户品黄册、鱼鳞图册等，同时经史子集各类亦均有，印书总数超过2000种。

明代皇室子弟封王，驻各地，称藩王。不少藩王喜著书、印书，其版本称为藩本。这是印刷史上的特有现象。由于藩王刻印书的用料都十分考究，

代表了当时当地的较高水准。刻印图书中有部分是藩王自己的著作，如周王朱有墩（1379—1439 年）是著名的戏曲作家，他自编自刻了《诚斋杂剧》31 种。在藩府本中，有不少实用技术与赏玩之书，如医书、棋书、音乐、茶谱、花卉、法帖等，都很珍贵。

明代民间印刷业分布很广，几乎遍及全国各地。南京的民间印刷到明代发展至鼎盛，有书坊 90 余家，是书坊最多的地区。南京书坊印刷最多的是各种戏曲、小说，仅唐对溪富春堂就刻印戏曲近百种，如《三顾草庐记》《吕蒙正破窑记》等。明代南京书坊，还刊刻了《三国志传》《西游记》等小说，《济生产宝论方》《针灸大成》等医书。明代北京的印刷作坊著名的有十几家，较著名的有永顺书堂、金台岳家、二西堂、高家经铺等。明代建阳的印刷业仍持续发展，有书坊 80 多家。明代后期，由于其他地区印刷业的发展，使建阳印刷业有所衰落。明代杭州有书坊 20 多家，最著名的容与堂刻印有《水浒传》《红拂记》《琵琶记》等小说、戏曲作品。胡文焕是杭州有名的藏书家，刻印的书以丛书著称，如“格致丛书”一套就有 200 多种著作。徽州一带历来是纸、墨、笔、砚文房四宝的产地，还以多出刻版高手而闻名。刻印书籍以插图版画著称，且多出自黄、汪、刘三姓之手，尤以黄姓为多，可称徽州的代表。明代苏州的民间印刷业十分兴盛，在阊门和金门一带集中着一批印刷作坊。在苏州府所属的常熟县有一个著名的刻书之家，就是毛晋的汲古阁。毛晋（1599—1659 年）是明代藏书家与出版家，他最多时雇工上百人从事刻印工作，所刻《十三经》《十七史》《津逮秘书》《六十种曲》等，含经史子集各类书 600 多种，在印刷史上占有相当的地位。汲古阁刻书有人称为“坊刻”，也有人称为

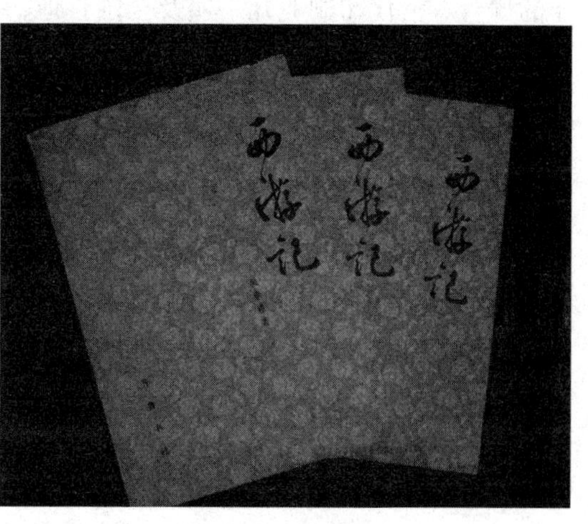

《西游记》古籍

“家刻”，说明二者实很难区分。

明代刻印图书经史子集均有，最有特色的是小说、戏曲及各种通俗读物，以及《天工开物》《农政全书》《几何原本》《远西奇器图说》等中国本土与西方传入的科技类图书。

明代是古代印刷技术发展的高峰，除了印书品种多、质量精外，在印刷技术方面也有新的发展。明代中期，一种横平竖直、横轻竖重、字形方正的字体广泛使用于版刻，这就是所谓的“宋体”字，俗称“匠体”字，今天它仍是出版物的主要字体。张秀民先生认为，这种字体与真正的宋版书并无相同之处，应改称“明体字”。随着印刷术的发展，插图本书籍愈来愈多。明代图版刻印技术之所以得到快速发展，一是因为出现了一批雕刻高手，为提高图版质量提供了技术基础，明代的图版雕刻以徽派刻工最为著名，除部分在当地献艺外，大部分被南京、苏州、杭州等地书坊所聘用；二是因为一批著名画家参与画稿，为图版提供高水平的原作。明代图书装帧形式流行包背装，中后期民间开始出现不少线装图书。

到了清代，我国传统的印刷技术新的突破较少，只是在应用领域更为广泛，技艺更为熟练。清代后期，西方的铅印、石印等近代技术开始传入我国，逐渐代替了原有的传统技术工艺，我国的雕版印刷技术最终退出了主流出版业的舞台。清代印刷业几乎遍及全国各地，北京、苏州、广州一带最为兴盛。

清政府十分重视印刷。顺治至康熙初年，印书由内务府管理，所刻版本称“内府本”，顺治时所刻《大清律》是清内府最早的刻书之一。康熙十九年（1680 年），设立修书处于武英殿，掌管书籍的编、印、装，并有一定数量的写、刻、印工匠。所印书籍称为“殿版”。武英殿印书有 300 多种，著名的书籍有《十三经注疏》《二十一史》等。

清代后期地方政府设立的印书机构称“官书局”，为清代所独创。张秀民先生认为清同治二年（1863 年）曾国藩首创金陵书局（光绪初改名为“江南官书局”），为清各省官书局之始，其后相继成立的有江楚书局、苏州书局（又名“江苏书局”）、淮南书局、浙江书局、江西书局、湖北崇文书局、广东广雅书局等，印书量很大。清代书院有 700 多处，遍布各省，书院印书也

不少，如东湖书院刻《水云集》、三间书院刻《广东文选》等。

清代民间印刷业几乎遍及全国各地，特别是北京和苏州的印刷业，最为兴盛。在北京的琉璃厂、隆福寺等地区，有印刷作坊上百家，而苏州有印刷作坊几十家。除此以外，江浙的杭州、金陵、常州、扬州、无锡等地，以及广东的广州、佛山，都集中着较多的印刷作坊。清代私家刻书也很繁荣，而且产生了不少手写软体字的精美刻本。刻印内容除了经史子集各类外，出现了新的印刷种类，如证件、契约、请柬、邮票等。清代刻书在版式上多沿袭明代风格。字体上多见以横平竖直、横轻竖重的匠人字体，但也有由精于书法者写样上板刻书的字体，称为“软体字”。此外，从康熙年间开始，刻书中常有避讳字。清代书籍流行的装帧形式线装，包背装也时而可见。

活字印刷术的发展

在《中国古籍善本书目》中，著录为活字印本的最早一部书是明弘治三年（1490 年）华燧会通馆铜活字印本《会通馆印正宋诸臣奏议》，由于西夏文活字印本佛教书籍的发现，这部弘治印本并不算现存最早的活字印刷品，而且有学者据相关文献的记载，认为它是锡活字而非铜活字印本。但无论如何，它可以被视为现存最早的金属活字印图书。

如果将《中国古籍善本书目》中所有的活字印本按照时间先后排序，就会发现一个奇特的现象，即中国古代铜活字印本大部分出现于弘治至嘉靖年间。为什么会有这种情况呢？

泥活字

周叔弢（1891—1984 年）先生说：“中国印书用活字版，始于宋庆历中毕昇胶泥活字版。继之者元王桢（祯）梨版活字，

所印书世无传本。越一百数十年至明弘治朝铜活字所印书始大显于世。活字印书中断之故不可解。明代复兴，余颇疑是从朝鲜传播而来。载籍无征，不敢臆定。”而赵元方先生则云：“凡铸铜活字，用铜必多，非富家不办。明初铸钱尚不给，何有于活字。其实商贾富家，旧者已破，新者未兴，亦无若大资力也。至弘、正之间，商力渐充，海上交易亦盛，而产铜日旺，故嘉靖初曾补铸九朝之钱，足征铜富。活字之兴，恰在其时，固有由也。厥后征榷日繁，铜产更减，万历矿税苛政，安、华二家其能免乎？故木活字代之而起也。即一活字之兴衰，亦可见上下之争矣。清代乾隆毁铜活字，亦此故也。”二说均是猜测，无法证实。另外，潘天祯先生认为“活字铜版”之活字不是铜字，而是锡字，此论如果证实，周、赵二先生之说均较难成立，因中国在宋元之际已能“注锡作字”了。

明代活字制作和运用遍及江苏、浙江、福建、广东等地，印刷书籍有上百种。使用活字印刷最著名者是无锡的华燧（1439—1513 年），他先后制成大小两副铜活字，所印书籍可考者有十几种，流传下来的也不少，主要有《宋诸臣奏议》《锦绣万花谷》《容斋随笔》等。华燧的叔父华理，也采用活字印书，传至现今有《渭南文集》。华燧的侄子华坚，同样以用铜活字版印书而著称。他于正德八年（1513 年）印成第一部书《白氏长庆集》，随后又排印了《蔡中郎文集》《艺文类聚》《春秋繁露》等书。无锡另一家使用铜活字印刷的是安国。他所印的第一部书是《东光县志》，后又排印了《吴中水利通志》《颜鲁公文集》《重校鹤山先生大全文集》等书。

《中国古籍善本书目》中著录明朝活字印刷之本共 117 个编号，除 57 个著录为“铜活字印本”外，其余著录均为“活字印本”，这是版本学界不成文的习惯，即木活字与搞不清的均不著录制字材料。实际上这是不太合理的，尤其是像清代武英殿“内聚珍本”连详细制法都有的木活字印本也不说明，只会给人增加误解。由于缺乏文字描述，那些非铜活字印本现在并不能肯定均为木活字印本，仔细研究，或许会有惊人的发现。

活字印刷术从技术层面来分析，还是有进步的。明陆深（1477—1544 年）著《俨山外集》有“近时毗陵人用铜、铅为活字”之语，这种中国自制

的铅活字虽然至今未发现存世印本，但与世界主流的欧洲铅合金活字出现的时间较为接近。西方的铅活字印刷术明朝时曾在境内有过短暂的停留。明万历十八年（1590年），欧洲传教士在澳门用西方铅活字印刷拉丁文《日本派赴罗马之使节》。这是中国境内首次采用西方铅活字印刷书籍。

清代活字印本相对于以前各代来说，存世数量较多，印刷方式也丰富多彩，历代出现的泥活字、木活字、锡活字、铜活字等都有应用。造成这种状况的一个重要原因是清朝政府直接组织人力、物力造活字刷印图书，如清政府于雍正时镌铜活字刊行字数达1.6亿的《钦定古今图书集成》，又于乾隆时造木活字刷印篇幅达数千卷的《武英殿聚珍版书》等。这种直接参与的行为，无形中推动了民间活字印刷术的运用与发展，出现了《红楼梦》《万历野获编》等活字印本的不朽之作，而吕抚、李瑶、翟金生、林春祺等人以较大精力从事活字制造或改进工作，所印传世之作虽不多，却风格各异，具有较高的观赏价值。另外，清康熙徐志定真合斋磁版印本《周易说略》与清乾隆公慎堂所印《题奏事件》等书，由于缺少印制过程的文字描述，仅凭目测，有人以为整版，有人以为活版，至今没有定论。

清朝除了出现不少活字印刷书籍外，也产生了一些记录活字印刷实践情况的文献，如清金埴《巾箱说》载，清康熙五十六七年间，泰安州有士人“为活字版”，许多学者认定此文所指为造瓷版的徐志定。尤其是当事者本人对活字印刷术细节描述的专篇或专著问世，为今日研究这一时期重要的活字印刷活动提供了很大帮助。如清乾隆元年（1736年）前后，浙江新昌吕抚创活字泥版印刷工艺，印刷了自著《精订纲鉴二十一史通俗衍义》一书，在卷二十五中附有专文，详细介绍整个的印刷工艺过程，并画出各种工具之详图，为世界确知的泥版印刷之始。又如清乾隆三十九年（1774年），武英殿刻成大小枣木活字25万余个，印成《武英殿聚珍版书》。主办人金简把这次制造木活字印书的经过，分别条款，绘图说明，写成了一部详细记录，并用这套聚珍版木活字排印，题名《武英殿聚珍版程式》收入丛书。再如清道光五年至二十六年（1825—1846年）福州林春祺用21年时间，耗资二十余万金，刻制大小铜活字各20余万个。在用这套铜活字印刷的《音学五书》卷首，林氏

写有一篇《铜板叙》，记录了他“捐资兴工镌刊”铜活字之起因及经过。

清代后期，西方现代铅活字印刷术传入东方，出现了《六合丛谈》《大美联邦志略》《格致汇编》等大量汉文铅印本书刊，中国传统的活字印刷术虽与之并行过一段时期，但由于技术落后，最终为之所取代。

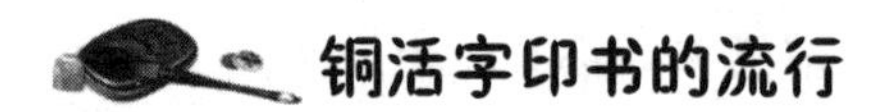

铜活字印书的流行

我国使用金属造活字最早的是宋末元初出现的锡活字。明代又有了铜活字和铅活字。但是，我国古代使用金属活字印书最为流行的，既不是发明最早的锡活字，也不是近现代最通行的铅活字，而是铜活字。明、清两代，除木活字外，铜活字印的书是最多的。仅有据可考的明铜活字印本就有60多种。这些铜活字本印刷质量都比较高，传至今天的大约有30种，均为珍善。现知最早制造铜活字并用以印书的是明江苏无锡的华燧。其会通馆于明弘治、正德年间用铜活字印刷了近20种图书。他不仅是最早制作并使用铜活字印书的，也是明代使用铜活字印书最多的。华燧的第一个铜活字印本是弘治三年（1490年）印成的《宋诸臣奏议》。这是我国最早的铜活字印本，也是现知最早的金属活字印本。

铜活字

华燧，字文辉，号会通。江苏无锡人。生于明正统四年（1439年），卒于正德八年（1513年）。他自幼爱读书，涉猎经史典籍尤多。成年后，不仅喜欢读书，又精于校勘，经常把经自己校勘的图书编订成册，带在身边，随时与人商榷，并印刷传播。他本为富家，颇有田产，但由于购书、校印图书花费太大，使家境渐落。对此，他却在所不惜。据邵宝

《容春堂集·会通君传》载："（华燧）少于经史多涉猎，中岁好校阅异同，辄为辨证，手录成帙，遇老儒先生，即持以质焉。既而为铜字板以继之，曰：'吾能会而通舍。'"其室号会通馆就是本此而来的。他曾自言："燧生当文明之运，而活字铜板乐天之成。"弘治初，有人想重新雕印《宋诸臣奏议》，但此书卷帙浩大，雕版费用很高，不能如愿。恰在此时，华燧会通馆研制出一套铜活字，于是就请他用这套铜活字来印刷。弘治三年（1490 年），华氏会通馆铜活字版《宋诸臣奏议》150 卷印成，一次印刷了 50 套。由于华燧的铜活字尚系初创，只有 1 套字，所以该书正文和注释都用相同大小的字来排印，每行内又排两行字，显得不够整齐、美观。加上这是初试铜活字版，用墨及操作缺乏经验，印刷质量也较差。而且，此书校勘不精，错误较多。因此，仅从质量角度看，这第一部铜活字本的质量的确不高。但可贵的是，它是使用铜活字印刷术的开端，是后来许许多多高质量的铜活字印本出现的基础。此后，到弘治十三年（1500 年）的 10 年里，华燧不惜一切，继续制造铜活字，先后造出了大小不同型号的铜活字多套，并用来印刷了一批图书。此后，从弘治末到正德初，华燧又印刷了铜活字版图书 10 种，其中多见于诸家著录，很少有见藏者。除铜活字本外，华燧还雕印了许多图书。

明弘治、正德年间使用铜活字印书的还有华燧族人中的华理和华坚。他们采用铜活字印书都稍后于华燧。

华理是华燧的叔伯辈中人，字汝德，号尚古，贡生出身。华理曾任北京光禄寺署丞，有田千顷，钱粮富足，是扬名一方的大地主。他尚古嗜书，收藏极富，并且精于鉴别。他雕印过不少图书，北京图书馆就藏有他弘治十四年（1501 年）雕版印刷的《百川学海》179 卷等珍贵刻本图书。大约在他雕印《百川学海》的同时，就在着手制作铜活字，并于弘治十五年（1502 年）印刷了铜活字本《渭南文集》50 卷和《剑南续稿》8 卷。前者北京图书馆有藏本。据《康熙无锡县志》载：华理"多聚书，所制活版甚精密，每得秘书，不数日而印本出矣"。由此可见，华理用铜活字版印过不少书，其造字排版质量及印刷工效都是很高的。可惜的是他的铜活字印本大多早已失传了。

华坚，字允刚，是华燧的侄子。他使用铜活字印书比华燧、华理都晚些。

现在发现的华坚最早的铜活字印本是北京图书馆收藏的正德八年（1513 年）印刷的《白氏长庆集》71 卷并目录 2 卷和《元氏长庆集》60 卷。这比华燧最早的铜活字印本要晚 23 年，比华理的要晚 11 年。但在明代铜活字印本中也还是比较早的。现存和见于著录的华坚印铜活字本书有 7 种，比华理所印要多，在华氏铜活字印书数量上占第二位。除上述白居易、元稹的诗文集外，北京图书馆还藏有他正德十年（1515 年）印刷的《蔡中郎文集》10 卷、《艺文类聚》100 卷，以及正德十一年（1516 年）印刷的《春秋繁露》17 卷。华坚室号兰雪堂，他用铜活字印的书大都注明是兰雪堂铜活字版，如书上印有“锡山兰雪堂华坚允刚活字铜板印行”的书牌，或加印“兰雪堂活字铜板印”篆文印章等，比较易于识别。

明代中期无锡用铜活字印刷图书的除华氏家族外，还有胶山安国一家。安国（1484—1534 年），字民泰。他本为平民，以经商起家，成为无锡首富，有“安百万”之称。他很喜欢古书画，每见奇书名画，便不惜重金购藏，所以家藏典籍非常丰富。他在胶山种植了大片桂花，故取“桂坡”为室号。为了使图书广为流传，安国出巨资制造铜活字，印刷了许多当时不易得到的图书。现知安国最早的铜活字印本是正德十六年（1521 年）印刷的《东光县志》6 卷。此书由南京吏部尚书廖纪主修，他得知安国桂坡馆有铜活字，就请他代为印刷。这是一部唯一采用铜活字印刷的方志，失传已久。从廖纪得知安氏有铜活字而去找他代印方志这一情况来看，安国此前一定已使用铜活字印过书。安氏所印《初学记》30 卷，卷末有明俞泰跋，其中写道：“经、史、子、集活字印行，以惠后学。二十年来无虑数千卷。”由此可见其印书之多。今天见于收藏和著录的安氏铜活字本计有 10 种，在明铜活字印书的诸家中，仅次于华燧，居第二位。在这 10 种图书中，北京图书馆收藏有 4 种，即嘉靖三年（1524 年）印《吴中水利志》17 卷、《重校魏鹤山先生大全集》110 卷，以及嘉靖三年以后印的《颜鲁公文集》15 卷和《古今合璧事类备要》150 卷。据清初安氏后裔记述，安国身后，其苦心经营的铜活字被儿孙瓜分，使整套活字支离破碎，成为废铜，不能用以印书了。这就同历史上许多藏书家的万卷宝库被不肖子孙分守散失的结局一样悲惨。真是可惜，可叹。

除无锡华氏、安氏外，明代江苏苏州、南京、常州，福建建宁（芝城）、建阳，以及浙江等地也有人使用铜活字版印书。

套版印刷的发明

套版印刷术是中国人民对世界印刷史的又一重大贡献，它的发展基础是单色雕版印刷术。

普通雕版印刷，每次只能印刷一种基本为墨色的颜色——或黑，或朱，或蓝。一般在印刷较为贵重的书籍或是第一次印刷时则选用红色或蓝色。这种普通雕版印刷称为“单色”“单印”。与普通雕版印刷不同的是，套版印刷可以将几种不同的颜色印在一张纸上。最初的印刷方法是将不同的颜色涂在一块版的不同部位，这样可以一次印成。但严格区分的话，这只能算作“涂色”，而不能称为套印。在此基础上套版印刷术才得以产生，按照不同颜色把版刻成大小相同的规格，然后根据需要选择依次印到同一张纸上。套版印刷也称为“整版套印”。所谓的“套印本”就是用这种方法印出的书籍。朱、墨两种颜色是在套版印刷发明初期所主要使用的。“朱墨套印本”，别称“双印”，即是用这种方法印出的书籍。到后来，套印图书的颜色不断增多，多达三色、四色或者五色。印出的书籍根据所用颜色的数量不同，而被称为“三色套印本”“四色套印本”“五色套印本”等。古代

套版印刷的纸币

的写本书时期是套印书籍出现的发源。在手工抄写的年代，人们在抄书时采用朱、墨两色或多种颜色，其目的是实现更加美观的效果，方便阅读。根据史料记载，这种方法最晚在公元1世纪就开始被使用了。东汉时期贾逵（30—101年）撰写的《春秋左氏传朱墨别》在《隋书经籍志》著录的书籍中有所记载，这充分说明贾逵为了区分经文和传注使用了朱墨两种颜色来书写。后来因研究《左传》而出名的董遇，也曾著《朱墨别异》一书。用两种颜色来分别抄写《春秋》的“经”和“传”，极大地方便了研究和阅读。公元6世纪时，出现了将《神农本草》与陶弘景《本草集注》合抄在一起的书籍，原文用朱色抄写，注解则用墨色。在唐代陆德明撰写的《经典释文》中，于卷首“条例”中有“以墨书经本，朱字辨注，用相分别，便较然可求”的记载，这充分说明陆氏抄写时为了区分经文和传注也采用了这种方法。用两种颜色在同一页上进行书写需要极大的耐心，为了保证准确必须要十分小心谨慎，因此操作起来比较困难。所以，出现了先只用一种墨色抄书，而后用朱点在需要区别的地方抄写的方法。最为典型的实物是保存于敦煌石室的写本《经典释文》，该书先用一种墨色抄写全书，然后为了区分经、传，再用朱色加以区分。此种方法虽然出错率较低，但是在长期的传抄过程中发生混淆经注的错误也在所难免。图书的大量生产在印刷术推广之后变得极为方便，极大促地进了社会图书文化的发展。但是，印版书籍，只用单色印刷，一版一印。当时十分困难的是用一种颜色区分不同的内容。此时，图书的注疏方式日益多样。图书的编纂形式有批点、批语、批抹、评注等多种，并且日渐兴盛。为了适应印刷术的特点，人们不断地用新方法加以实验。最初的方法是在印本书上以手工的方式用毛笔和颜色来区别不同的内容。后来，又用别的方法加以改进。例如，用阴阳文在印刷本上加以区别。宋代刻的《本草神农》与《本草》的合印本则用字体不同的颜色来区分不同内容——白字表示神农原文，墨字表示名医所传，有的不同内容用大小字区分，即用大字单行印经文、小字双行印注解，或用括号另起行、墨围等。但是，如此复杂的区分方法效果也不如用颜色来区分明显。因此，印刷术面临的一个重大问题就是印本书如何做到像写本那样用朱墨分色。书籍套印经过人们的不断实践，才最

终得以产生。

西汉时期织物印染中的多色印花是多色套印术的基础，而书籍的多色套印受到了手抄多色书籍的重要影响。明人胡应麟在《少室山房笔丛》中提到："凡印有朱者，有墨者，有靛者，有双印者，有单印者，双印与朱必贵重用之"。此处的"双印"指的就是"套印"，这段文字是记载中国（书籍）套印最早的记录，所以人们推断明代是套版印刷术产生的年代。事实上，套版印刷术在明代便已经十分盛行了。

双色刻印的《无闻和尚金刚经注解》在1941年被发现，该经书刻印于元代顺帝至元六年（1340年），刻印寺庙为中兴路（今湖北江陵）资福寺。该书红色字体的是经文，黑色字体的则是注解，卷首所刻的灵芝图也是两色相间。该书原存于南京，现被收藏在南京，是中国现存时间最早的朱墨两色套印书籍的实物。根据该文物可知，最迟在14世纪中国的套版印刷术就已经应用于书籍的印刷了。

但是套版印刷技术由于比较复杂，在很长一段时间内没有被广泛接受。以刻印一部书籍为例，套版刻印技术比单版雕印费时、费工，成本也高，因此难以推广。套版印刷技术盛行于明代后期。万历年间刻印的《闺苑十集》是现存明代最早的套版印刷书籍之一。《闺苑十集》原名《女范编》，最初刻印为单印本，于1602年由安徽歙县黄尚文作传，程起龙绘图，黄应瑞刻印出版。大体内容是以立传、绘图的形式描绘从秦代至明朝的烈女传记。《闺苑十集》是用套版技术于1602年至1607年在上书原版基础之上双印出版的，原文用墨版刻印，批评与圈点用朱色刻印。由歙县工人于1605年左右刻印的《程氏墨苑》是现存明代最早的另一部套印本。该书用两版套印，并且已开始应用色彩，其他颜色是用的涂色方法。

许多历史文化因素导致了套版印刷到明代后期才被广泛地应用。首先，明代雕版印刷技术因为社会经济文化发展迅速而得到了极大提高，日臻成熟，这些为套版印刷的采用奠定了良好的物质基础，提供了可靠的技术条件。其次，明代批点古书风气的盛行也极大地促进了套版印刷术的广泛应用。

饾版与拱花印刷的兴起

“饾版”印刷指的是依据彩色绘画原稿的用色，将原稿中的每种颜色经过勾描和分版，各雕一块版，然后再依据“由浅到深，由淡到浓”的原则，逐色套印，最后完成的彩色印刷品与原稿颜色相近。“饾版”印刷因分色印版类似于饾饤而得名，也称为彩色雕版印刷。清代中期以后，改称为木版水印。

对“饾版”印刷的试验和推广应用做出巨大贡献的，是明代末期的胡正言。

胡正言（1581—1672年）字曰从，徽州休宁人，后移居南京鸡笼山侧，因房前种竹十余株，就将其居室名为“十竹斋”。胡正言曾官至中书舍人，后弃官，过着名士隐逸般的生活，并专心从事书画、篆刻等方面的创作和研究。胡正言不但学识渊博，善书能画，更有多方面的艺术爱好。他的篆刻艺术在当时也很有名，曾出版过印集《十竹斋印薮》一书。其中最有成就的，是他对木版彩色印刷的研究和试验。他主持雕版印刷的《十竹斋笺谱》和《十竹斋书画谱》，成为印刷史上划时代的作品。由他首次研创的“拱花”印刷在印刷史上占有一席之地，直到今天还在各种装潢印刷中被广泛地应用。

《十竹斋书画谱》是我国印刷史上第一部能表现深浅层次的彩色印刷品。这部彩色印刷巨作的完成历时8年多，始于明万历四十七年（1619年），终于明天启七年（1627年）。

《十竹斋书画谱》是一部绘画教科书，按内容分为书画谱、竹谱、梅谱、果谱、兰谱、石谱、翎毛谱、墨华谱八种。许多名人题句附刻在图版上。此书出版的很短时间之后，就有人仿照“饾版”印刷法翻印此书，但印刷水平较低，并未超越胡正言。

胡正言主持印刷的另一部书是《十竹斋笺谱》，此书大约刻版于《十竹斋书画谱》即将印刷完成之时，全部刻印工作完成于崇祯甲申年（1644年）。《笺谱》在当时得到了很高的评价，与《书画谱》相比，更为精致完美。胡正言将其首创的“拱花”印刷技术应用在《笺谱》的印刷中，奠定了此书在

中国印刷史上的不朽地位。

《十竹斋笺谱》共分四卷。第一卷分七类，有图 62 幅；第二卷分九类，有图 77 幅；第三卷分九类，有图 72 幅；第四卷分八类，有图 68 幅。

关于胡正言的“饾版”“拱花”印刷的具体工艺方法，在历史文献中也很难找到详细记载。“饾版”“拱花”印刷过程中，对原稿勾描、刻版、印刷三道工序都要精心操作。每道工序的操作者，都需具有很高的技艺和一定的艺术造诣，才能得心应手。而三者的有机配合，才能创造出几乎乱真的彩色印刷品。

勾描也称为“分版”，是饾版印刷的第一道工序。勾描者先要对绘画原作进行深入观察，了解原作的技法和用色情况，然后将每一种颜色勾描在很薄的纸上，以供刻版时使用。这一工作需要有一定绘画基础的人来担任。勾描必须精细准确，对颜色要分解正确。刻版也是一项高度精细的工作，要求刻版者要有高超的技艺，能以刀代笔，运刀丝毫不苟，即所谓“刀头具眼，指节通灵”。画家的妙笔神功，通过雕刻家的手再现于版上，细微末节都要雕刻得标准精确。印刷也很重要，能否印出好的复制品来，还要得力于技艺高超的印刷工匠。实际上，一些印刷名手也都有一定的绘画基础和艺术修养。印刷时先将纸固定在工作案上，在第一张纸上画出对版用的画面轮廓，用轮廓线找出版面的各个部位，再把版固定在案子上。为了使印刷品更接近于原画，印刷所用的颜料和纸张也需与原作相同（一般是用宣纸和水性颜料）。印刷时用棕刷将颜料刷在版上，铺上纸张，用“耙子”在纸背一压，颜色就转印到了纸张上。印刷颜色的顺序是由浅而深、由轻而重、由淡而浓，最后套印完全部颜色，一张精美的彩色印刷品就完成了。

由于彩色套印不同于单色印刷，因而对印刷这一工序历来都十分重视。因为它不是简单地按色套印，而是要通过用色的浓淡、压印的轻重，还要借助于手指及“挥”的技巧，将原作的神韵都表现在印刷品上。

“拱花”印刷，也是胡正言的独创，他在其《十竹斋笺谱》的印刷中就大量使用了这种无色压凸，以表现画面脉络及轮廓的“拱花”技法。例如，在《笺谱》卷二中，“无华”类八幅作品，全部采用“拱花”印刷的方法，

来表现物象的轮廓，体现了无彩素笺的独特风格。“折赠”类的八幅作品，是各种折技花卉，每一种花朵都不加轮廓，而是运用拱花技术，经压印达到鲜明突起的主体效果。

胡正言还采用“饾版”印刷法，来印刷单色水墨画。经过分版套印，来体现画面的焦、浓、重、淡、轻等不同的水墨层次。在《笺谱》的印刷中，就使用了这种技法，从而使我国古代的各种绘画形式都可以用“饾版”印刷来进行复制。总之，胡正言对印刷术的发展所作的贡献是多方面的，他的名字将永刻于印刷史册。

胡正言所处的时代，正是明王朝的统治即将崩溃的时期。当他正忙于《十竹斋笺谱》的雕刻印刷时，北京已被清军占领。1644 年，清王朝在北京成立，南京还处于小朝廷偏隅偷安的局面。福王朱由崧即帝位于南京，粉黛笙歌，仍未减色。当清兵攻下扬州，行将包围南京时，福王照样昏淫，在夜宴中还念诗道：“万事不如杯在手，一年几见月当头。”各级官员更是粉饰太平，在南京、苏州一带，仍蒙上一层虚假的安定景象。正是这样的环境，使胡正言能够安心地继续从事他的彩色雕版印刷事业，从而完成了《十竹斋笺谱》的全部印刷工作。

几乎和胡正言同时采用“饾版”彩色印刷的，是漳州人颜继祖请江宁人吴发祥刻印的《萝轩变古笺谱》一书。此书也是在南京刻印的，书中的 182 幅彩图采用“饾版”印刷，有的画面也采用了“拱花”法。这本画册印成于天启六年（1626 年），这是现存最早的木版彩色印刷品。

由此可见，胡正言和吴发祥都不是“饾版”印刷的首创者，在他们之前，必定有人试用过这种印刷方法。因为在此之前，徽派刻工就曾应用过在一块版上以着色不同的方法进行彩色印刷，但由于在各色的交界处容易混淆不清而影响印刷品的质量，可能就想到将各色版分别刻版套印的方法，这样就出现了“饾版”印刷工艺。根据推猜，“饾版”印刷可能出现于明万历年间，而首创者可能是徽州刻工。

《萝轩变古笺谱》

清代泥活字印书

清代采用活字印书影响大的，除铜活字、木活字之外，就要数泥活字了。道光十年（1830 年），苏州人李瑶在杭州雇佣人手制作胶泥活字，印成了《南疆绎史勘本》56 卷 80 部。此书的凡例中说："是书从毕昇活字例排板造成。"两年之后，李氏又在杭州印刷了他自编的《校补金石例四种》17 卷。他在书的自序中说："余迺慨然思广其流传，即以自治胶泥板，充作平字捭之。"李氏是现知清代使用泥活字印书最早的。而清代使用泥活字印刷图书技术上富于创造性，影响又最大的则是比李瑶稍后的翟金生。

翟金生，字西园，安徽泾县西南水东村人。秀才出身，靠教书为生。他能诗善画，颇具艺术才能。因感于当时雕版印书费用昂贵，许多好书无力刊行，"每嫌借读之烦，善本梓行更乏"，于是不顾"家徒壁立室悬罄"的贫穷处境，下定决心，动员全家人力、财力，仿照沈括《梦溪笔谈》中记述的宋毕昇造泥活字印书的方法，制作胶泥活字印刷图书。为了“扩宋代宝藏之秘，踵我朝聚珍之传”，也就是说，为了发展活字印刷技术，他把一生的精力都倾注于造字印书上了，以至于如醉如痴，不知终老。经过30多年的不懈努力，他研究、制作了泥活字10万多个。这批泥字全是宋体字，分为大、中、小、次小、最小五个型号。翟氏的制字方法是“抟土炳炉，煎铜削木”，“直以铜为范，调泥诞填，磨刮成章”，大概是先做木模或铜模，后造泥字，入炉烧结，再加修整。安徽省博物馆、中国国家博物馆和中国科学院自然科学史研究所等单位，都收藏有从水东村搜集的翟氏泥活字实物，其中还有泥胎正写阴文字。经研究发现，这些正写阴文字是用胶泥制出反写阳文字用的字模。另外，从翟氏所印书中发现，许多不同位置上相同的常用字，如“之”“也”“其”“矣”等，字形完全一样，可见是用同一字模制造出来的。由此，人们得出了这样的结论：翟金生制作泥活字的方法，是先用胶泥、木头或者铜板刻成正写阴文字模，再把干湿适度的胶泥填抹于字模中，取出后便可得到反写阳文单字。加以修整后，用火烧结，使之坚硬。这样，一个个胶泥活字就制成了。从工艺上看，翟氏造泥活字程序已经很近似于近现代模铸铅活字的方法了。因为这种制造工艺很复杂，一套活字耗费的工时和钱财都会很多，所以，他才竭尽全力，与自己的儿子翟一棠、翟一杰、翟一新、翟发增等一起上阵，历时30年，才完成了活字的制造工作。

道光二十四年（1844年），翟金生已到古稀之年了。他开始用这套泥活字试印自己的诗集《泥板试印初编》。印刷中，除他和儿子们一起造字、备字外，其孙子翟家祥、内侄查夏生负责排版，学生左宽等负责校对，外孙查光鼎等负责归字，参加工作的有家人、亲朋和学生十多人，真是家里家外一起动手。此书采用白连史纸印刷，字画均匀，纸墨精良，是泥活字版印书的成功之作。北京图书馆有藏本。翟金生称自制的泥活字版为“泥斗板”，又叫“澄泥板”或“泥聚珍板”。

在翟金生印刷其《泥板试印初编》时，他的朋友黄爵滋见到后非常羡慕，就请他印刷自己的诗集《仙屏书屋初集》。翟氏欣然应允，并于道光二十八年（1848年）印成《仙屏书屋初集》400部。书的封面上印有“泾翟西园泥字

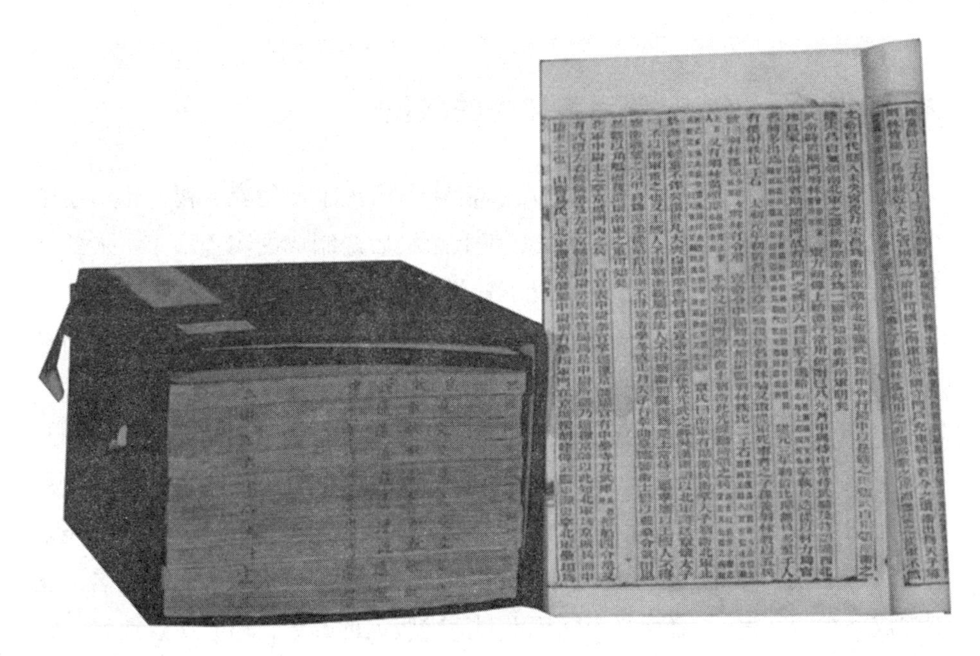

锡活字文献通考

排印”小字两行。此书所用字号较小，称“小泥字本”，共 5 册。书中载有黄氏《聚斗轩泥斗板记》一篇，对翟金生造字印书的功绩大加赞扬。文中写道：“君不远千里以求其良材，不惜时日以尽其业，扩宋代宝藏之秘，踵我朝聚珍之传，此其有裨载籍，将为不朽功臣！”

咸丰七年（1857 年），翟金生已是 82 岁高龄的老人了。这一年，他还主持了由其孙翟家祥排印的《水东翟氏宗谱》的出版工作。书前印有“前明嘉靖中光驾部震川公修辑，水东翟氏宗谱，大清咸丰七年仲冬月泥聚珍板重印”的牌记。此书北京图书馆有藏本。

翟金生辛劳一生，费尽心力，耗尽资财，研究胶泥活字印刷技术，功绩显著。他继承并发展了宋毕昇发明的泥活字印刷术，特别是他创造的用字模“铸”泥活字的工艺，比毕昇刻制泥字的工艺有了很大进步。在翟氏创用“模铸”泥字印书技术 6 年之后，即道光三十年（1850 年），广东佛山唐氏又创造了模铸锡字制版印书方法，很有可能是受到了翟氏“铸泥”造字方法的启迪和影响。翟金生不愧为我国古代著名的活字印刷术的发明家和实践家。

瓷、锡、铅活字印书的出现

除采用铜、木、泥活字印书之外，清代还出现了使用瓷、锡、铅活字来印刷图书。所谓瓷活字，就是在泥字坯上涂釉后烧制成的陶瓷活字。大约在康熙之末，山东泰安人徐志定创造了瓷活字版。康熙五十八年（1719 年），徐氏用瓷活字版印刷了张尔岐的《周易说略》和《蒿庵闲话》两书。《周易说略》封面上印有“泰山瓷板”四字；《蒿庵闲话》书末印有“真合斋瓷板”五字。徐志定，字静夫，“真合斋”是他书斋的名字。两书中的字体均大小不一，且相同的字大的都大、小的都小，墨色也浓淡不匀，字往往随直行往外倾斜，行成弧形，边栏有大缺口。这些都说明其为活字版所印。清会稽人金埴在《巾箱说》中记述道：“康熙五十六七年间，泰安州有士人忘其姓名，能锻泥成字为活字板。”金氏虽未能记下制活字版人的姓名，但其所述地区、时间与徐氏印书之事均相符合，所以人们都认为他说的就是徐志定造瓷泥活字版印书。另外，瓷活字的制作是在泥活字制作基础上进行的，只是在泥活字做成之后又在表面加瓷即成。因此，徐氏造瓷活字印书说明清代康熙年间就已经有人继承了毕昇的泥活字制作技术。上述金埴关于康熙五十六七年间泰安有人“能锻泥成字为活字板”的记载，则证明那时确有人能制作泥（瓷）活字了。这虽是个别现象，也不见有印本流传，但其掌握的制作泥活字的技术却比道光间李瑶、翟金生用泥活字印书要早 100 多年。

锡活字的创造起于宋末元初。明代又有华燧“范铜板锡字”印书。至清道光末年，广东佛山有位姓唐的出版家又大规模地铸造锡活字，并用来印刷了许多图书。

当时，佛山的工商业很发达，经济繁荣，是清代著名的大市镇。由于商市繁华，赌博和押彩等活动也很普遍，彩票的印刷量很大。唐氏铸造锡字，最初就是为了用来印刷彩票及广告的。道光三十年（1850 年），他开始大规模地铸造锡活字，当年就铸成了两套活字，共有 15 万多个。他先后花费了一万多元的资本，铸成了三套锡活字，共 20 多万个。这三套活字，一套是扁体

中号字，可用以印刷图书正文；一套是长体小字，可用来印刷图书中的注释；另一套是长体大字，可排印图书标题及广告等。其扁体中号字为正楷；大、小两种长体近于仿宋体，颇似我们今天印刷中使用的长仿体。三种字体都很美观、大方。

唐氏铸造锡字采用的是泥模。其方法是，先在小木块上刻成阳文反写字，再把刻好的字盖印在澄浆泥上，形成阴文正写字字模。字模干结坚硬之后，再把熔化的锡液浇入模中，待锡液冷固了，敲碎字模，取出阳文反写的锡字，并加以修整，使其大小、高低完全一致。

唐氏铸造锡活字与15世纪德国古登堡用铅铸活字相比，在用料和工艺上有很大不同。谷氏系用铜模铸铅造字，工艺复杂，费用较高；唐氏用木材、泥土造模，不用价格昂贵的铜材作模料，且字身比谷氏铅字短而省料，工艺又比较简便，更为经济。唐氏采用泥模铸字，正说明其铸字技术是继承了中国传统经验而创造的金属铸字法，是宋末元初以及明代华燧“铸锡作字”经验的继承和发展。实际上早于唐氏之前，翟金生就采用过泥模铸字的方法，只不过他“铸”的是泥活字。这说明，使用泥模铸字的方法早就有了。所以，不少人认为宋末元初的锡活字也很可能是用泥模铸成的有其一定根据。

唐氏用锡活字印书的方法是，先按图书内容把锡活字检排在坚固平滑的梨木字盘里，然后把四边扎紧，使单字不易活动。字盘上、下的横边和一个竖边各设一脊，与活字平面一样平，并与字面一起施墨。印成后，这三条线即为一面书的三个边栏。书的界行用黄铜充作，每面（半页）十行，中间用版心隔开。咸丰二年（1852年），唐氏用自铸的锡活字排印了元马端临《文献通考》348卷，共19348面，订成120巨册。此书纸张洁白，墨色均匀清晰，字大醒目，印造质量较高。这是现知世界印刷史上的第一部锡活字印本。唐氏还用锡活字印过别的图书，但书名已不可考了。殊为可惜的是，他所制作的20多万个锡活字，后来被清末义军熔化后制成枪弹了。

我国使用铅活字印书起始于明弘治末、正德初。清道光年间也有人造铅活字印书。清人魏崧《壹是纪始》卷九说：“活板始于宋……今又用铜、铅为

活字。”《壹是纪始》成书于道光十四年（1834 年），这说明在此之前就有人使用铅活字印书了。那时，西方的铅活字尚未传入香港，更未进入中国内地。所以，当时的铅活字是地地道道的中国传统活字。

我国最大的出版印刷企业——商务印书馆的创立

我国印刷历史上规模最大、时间最久、出书最多，于发展我国出版印刷事业贡献最大的商务印书馆，诞生于光绪二十三年正月十日（1897 年 2 月 11 日）。发起人是夏瑞芳、高凤池和鲍氏（鲍咸恩、鲍咸昌、鲍咸亨）兄弟。他们都是教会设立的清心小学的工读生，习英文排字，先后在字林西报馆、捷报馆任职。各人均不甘于寄人篱下，遂各将积蓄拿出，集资 4000 余元，自立门户，创办了商务印书馆。地址在上海北京路。初创的商务印书馆，首先服务于国人的教育事业。在商务印书馆创立后的半个世纪内，在印刷新工艺、新技术的研究，新设备、新材料的研制和引进，以及精神食粮的生产和出版印刷人才的培养诸方面，一直处于同行业的领先地位，自然而然地形成和确立了商务印书馆在出版印刷界的领导地位。在创建后的十几年内，该馆在出版印刷业的各个方面都取得了优异的成绩和长足的进展，为我国近代民族印刷业的崛起和整个出版印刷事业的发展做出了重大贡献。

第二节　明清时期印刷术的应用

明代版画印刷

先刻版然后再进行印刷的图画被称为“版画”。版画的特点是作者用刀和笔等工具先制作刻版，刻版的材料多种多样，而后再用刻版印刷、复制。根据版面性质和所用材料的差异，可分为凸版，如木版画；凹版，如铜版画；平版，如石版画等。以前的版画制作绘画、雕刻、印刷等工序分工进行，并且多用于“复制图画”。随着时间的流逝慢慢发展成为独立的艺术形式。“创作版画”指的是由作者自画、自刻、自印的版画。

中国传统的版画基本属于木刻版画系统，隶属于印刷出版业，其制作服务于印刷出版。“复制版画”与“创作版画”不同，具体操作是画家、雕刻、印刷三者分工，由画家提供画稿，刻工按照画稿刻版。中国木刻版画用传统的刻刀及附件进行刻版，采用传统的印刷方法将墨和水质颜色刻印于传统的绘画用纸之上，即所谓的“木版水印”。版画因用刀雕刻，艺术形象以线条形式存在，风格独特，所以具有较高的艺术审美价值。

中国版画技术鼎盛于明代。鼎盛的具体表现是：除经史文学著述以外的各类图书著作中普遍出现了插图，科技、医药、农业、军事书籍配有的插图版画数量大大地超过了前代。各门学科书籍的插图版画都有其代表作品，如徐光启的名著《农政全书》，李时珍医药专著《本草纲目》中的药草插图，

《海内奇观》中的地理插图，《神器谱》《利器解》的军事武器之插图。插图版画更是广泛出现于戏曲、小说、传奇、话本等文艺图书中。一大批优秀的镌刻工匠因为书籍印刷的繁荣、插图版画数量的增加而大量出现，并开始形成不同的艺术流派。后来，“饾版”“拱花”技术的成功发明，为明代版刻艺术注入了新鲜的血液，进一步促进了中国雕刻版画事业的发展。

明代初期的版画风格有宋元遗风，宫廷内府组织镌刻的大型版画水平超过一般的刻印，极为精工细致。如刻印于永乐至正统年间的《释藏》《道藏》卷首扉画，连刻数篇，画面庄重肃穆，镌刻的线条流畅精细，并且形式新鲜，当属精品。

刻印于成化时代的说唱、词话插图在1967年出土于上海嘉定景明墓，出土了唱本和南戏共11种，其中保存完整的有10种；每种刻画都有题记“成化某年家顺堂刊行”，并有86幅附图。流传至今的明朝早期的插图刻本十分稀少，成化插图刻本的出土意义重大，为我们研究明代初期插图本书籍提供了非常珍贵的实物。流传至今的明初期刻本还有《新刊全相注释西厢记》以及《便民图纂》。《新刊全相注释西厢记》刻印于弘治年间，刻印者为北京书坊金台岳氏，该书作为坊间通俗读物刻版插图本的代表作品，其版式是上图下文，版面画图占有2/5。《便民图纂》是由坊刻于弘治年间的，此书属于民间大众用的小百科全类型的书籍插图版本，此类书籍流传下来的也不多。总而言之，明初期版画的品种和数量发展十分迅速，但是技术水平则参差不齐，优劣差距较大。与刻印质量较高的官方刻印相比，民间某些刻本刻印水平较低，刻印草率，做工粗糙。

版画印刷在明代中期以后进入了发展的高潮期，高潮期的重要标志是：各类图书中广泛存在着插图本，并且一本书因多家镌刻而有多种版本，各版本之间暗中较量，争奇斗艳。大量出现以图画为主的图谱。早期代表作品有刻印于嘉靖年间的《高松图谱》，现存于世的都是手稿上版，有竹谱、菊谱、翎毛谱等。作为画工与刻工合作的结晶的《顾氏图谱》《诗余画谱》为研究中国版画艺术提供了极为重要的文献资料。版画于文字的组合方式发生了变化，并且呈现出多样性，插图版画根据书籍内容的不同要求而呈现不同风

格——或多或少，或大或小，半幅、整幅、对幅，上图下文，更为新奇的是将不同的花样图形配置在画面中，风格自由生动，呈现出迅速发展的大好形势。而刻印技术也日渐成熟，早期风格质朴简练，后来日趋精雕细刻，整齐婉丽。与此同时，随着刻书产地在全国范围内的产生，出现了许多刻印版画的能工巧匠并且形成了不同风格的流派，能工巧匠们大多有师承关系，师徒相传，子承父业。其中，影响最大、最为出名的要算徽州地区。印刷发达地区的版画刻印地如金陵、吴兴、浙江、杭州、苏州、福建等也各有其突出的刻画风格。下面简单介绍一下。

徽州版画：发源于徽州的歙县虬村，雕刻技术高超，发展极为迅速。从弘治年间开始，许多仇姓人氏开始刻书，并且极为擅长刻画。黄姓一组在仇氏衰落后迅速崛起，最终形成了闻名于世的徽派艺术。黄氏与仇姓曾在弘治年间合作刻印过《篁敦文粹》《苏州府志》《文集》《容斋四笔》等书，《徽州府志》《筹海图编》则刻印于嘉靖以后。基本上当地所有黄氏族员都步入了

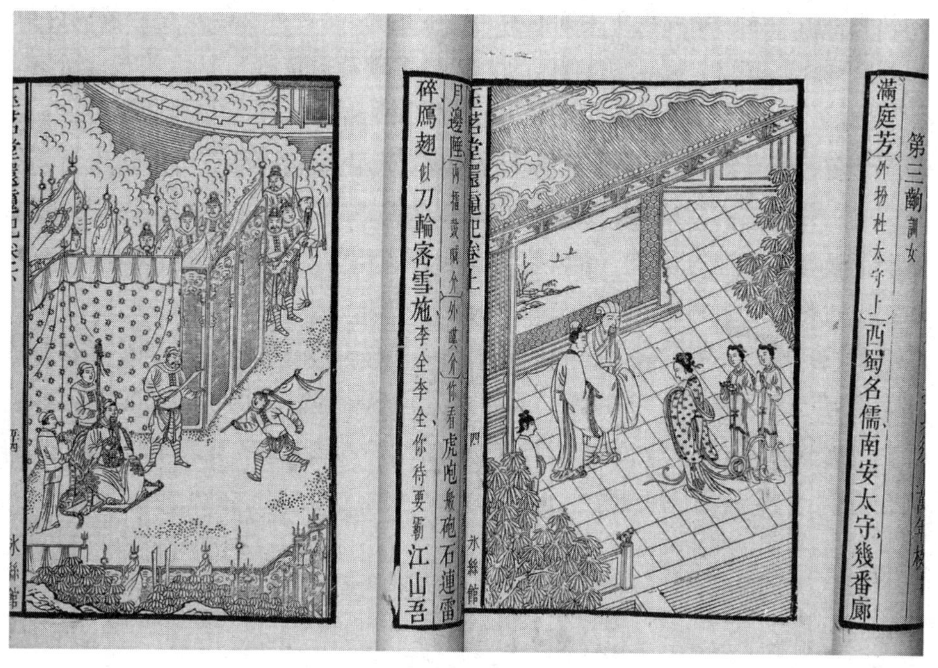

《原本还魂记》

刻工行列。黄氏一族人才辈出，出现了许多刻书能手，后来又有人开始刊刻版画，甚至独立创作画稿。版画刻印技术在万历之后日益纯熟，并且出现了越来越多的专业刻工，大量的插图版画作品在此时得到了刊印。其著名的能工巧匠是黄一楷，他为起凤馆刻《王凤洲、李卓吾评北西厢记》插图，该图绘作者是歙县的汪耕。《唐明皇秋夜梧桐雨》的刻印作者是黄一凤，黄一凤为顾曲斋刻《古杂剧》，又与黄一彬、黄应谆合刻《原本还魂记》。

黄一彬与黄桂芳合刻《青楼韵语》；与黄伯符、黄亮中、黄师教、黄吻谷合刻《闺范图说》。黄应光刻书较多，所知有徐文长改本《昆仑奴杂剧》；与黄应瑞合刻《元曲选》。黄应组与汪耕合作十分默契，技艺精湛，镌刻风格十分娟秀。如为汪廷讷环翠堂所刻《人镜阳秋》《坐隐先生精订捷径奕谱》《坐隐图》等。黄应瑞刻《状元图考》和《程朱阙里志》；黄守言刻《方氏墨谱》；黄建中，字子立，其作品十分精美，如所刻的由陈洪绶绘的《博古叶子》《九歌图》等。黄德宠刻《仙源纪事》插图代表了徽派的特殊风格，其刊刻线条由传统的质朴粗犷逐渐演变为清丽娟秀。《古列女传》是由黄镐为黄育嘉所刻。《彩笔情辞》首图右侧的六字“古歙黄君蓓刻”是由黄君蓓所刻。《女范编》是由黄伯符、黄应泰、黄应济合作刊刻的结果。《帝监图说》由黄应孝、黄秀野合刻。《新编目莲救母劝善戏文》由黄铤为高石山房刊刻。《养正图解》是由黄奇刊刻的，其绘作者是丁云鹏。徽派版画在黄氏父子兄弟的推动下达到了发展的高峰。黄氏族人在明万历年间直到清朝康熙末年的一个世纪内所刻印的版画数量极大。

黄氏是徽州派的代表。当然，徽派的代表作品除了上述黄氏的作品以外，还有于万历二十五年（1597 年）由徽州汪光华玩虎轩刻的《琵琶记》、汪士珩刻的《唐诗画谱》、崇祯年间洪国良刻的《怡春锦》、汪成甫等人刻的《吴骚合编》、刘荣刻的《凤凰山》等。作为徽籍的优秀刻工，他们的刊刻刀法精妙入微，所刻书籍的插图线条遒劲秀气。他们的作品为研究绘刻版画艺术提供了珍贵的实物资料，其所插图画不仅内容丰富、技艺高超，而且提高了整本书的艺术水平。

金陵版画：南京地区的民间刻书事业从宋代以来便发展迅速，至明代时

期刻书事业依然十分兴盛。小说、戏曲、文学读物的插图都曾由许多著名的书坊刻印过，其中有许多优秀作品，如由富春堂刻印的十多种传奇，里面的插画多达千幅。精美的插图书籍有由继志斋陈氏所刻的《重校古荆钗记》以及由世德堂所刻的《新刊重订出像附释校注香囊记》。金陵版画的刻版形式多样，注意推陈出新，打破了以前画面设计单一、呆板的现象。如以半幅为图的作品有世德堂所刻的《月亭记》、富春堂所刻的《白兔记》；以对幅为图的作品有广庆堂刻《双环记》、文林阁刻《易娃记》、继志斋刻《红拂记》，画面题词长短不一，位置适中，与插图相结合，使书籍风格变得活泼有趣，提高了书籍的可读性。

在南京地区聚居的徽州刻工与南京本地刻工在交流的过程中互相影响，使得两派的画风趋于相似。版画线条十分细致，所画形象十分生动，并且雕刻技术极为精湛。两派合作刻印出了许多精美的插图书籍。

苏州版画：版画艺术发展迅猛。苏州版画风格接近于徽州、金陵。苏州版画的主要特点是，版画所需的画作底稿大多由知名画家创作，刻工的镌刻技艺十分精湛，因此刻印的作品大多为精品。苏州版画对于版画的形式也多有创新，例如，刻印于崇祯年间的传奇《一捧雪》，因其采用了团扇形的版式，画作显得十分生动、活泼和灵巧。

湖州吴兴版画：主要特点是附图较多，是闵、凌两家盛行的套版印书。其作品大多聘请名家校刻，做工精细，选用上等纸张进行套印，五颜六色，具有极高的艺术价值，代表作品有闵刻《明珠记》《艳异编》，凌刻本《琵琶记》《西厢记》《二刻拍案惊奇》等。

浙江杭州版画：其代表作品是武林版画。其作品最多的是画谱和地方性山水名胜。其代表作品是刻印于万历年间的12卷《西湖志摘粹补遗奚囊便览》，有着广阔的题材，丰富翔实的内容，画风生动活泼，是版画中的珍品。

福建版画：自宋代以来，福建以建阳为中心就是中国雕版印刷也最为发达的地区之一。该地最为著名的是坊间刻书。戏曲、小说等通俗读物的刻印在明代之后仍然十分盛行。当时著名的书坊都刻印插图版画，如种德堂、诚德堂、双峰堂、三台馆、翠庆堂等。由翠庆堂刻印于万历年间的《大备对宗》，汇编了当时的对联联语。该书最具特色的是为了给读者提供张挂对联的范本，在每卷首都刻有冠图。建阳版画文人画家参与的比较少，大多数作品由民间工匠绘刻，因而其作品呈现出民间的质朴风格。刻印在明代晚期有所下降，做工粗糙，较少有精品产生。

清代版画印刷

在明朝版画工艺的基础上，清代版画得到了进一步的发展。清、明两朝交替之际，有大量的版画精品产生，因为此时明末优秀的刻工艺匠都存活于世，清初的版画多有明朝遗风。但是，清代后来的版画并无新的发展，并且有渐趋衰落之势。

从官方至民间，清代初期大多讲究画稿底本的提供者是名家，雕版印刷的则是雕刻名匠，所以此时产生的版画印刷品大多水平较高。如刻印于顺治年间的优秀作品《张深之正北西厢秘本》，其6幅插图的提供者是名画家陈洪绶，镌刻的则是武林名匠项南洲；传世的其他清初版画作品还有陈氏绘画的40幅《水浒叶子》，48幅《博古叶子》。此外，画作精品还有由擅长山水、人物绘画的著名画家萧云从绘画于顺治二年（1645年）的《离骚图》，《太平山水图画》则是由萧云从于顺治五年（1648年）绘画，由旌德名匠刘荣、汤义、汤尚等人镌刻而成的，制作十分精良。康熙年间刊刻完成的《凌烟阁功臣图》是清代人物绘刻艺术的代表作品，该书绘制了唐代开国功臣长孙无忌等24人像，末附观音、关羽等绘像共30幅人物图像。其画图底稿由河南祥符人刘源绘制而成，刘源既工于书法，又擅长画人物山水画，镌刻则由吴中著名工匠朱圭完成，所以做工极为秀丽，是为珍品。《古歙山川图》24幅亦是徽派清初版画的精品，由阮溪水香园刻于康熙三十一年（1692年），插画底稿是当年为靳治荆纂修《歙县县志》时，特请画家吴逸绘制而成，画作为山水，重峦叠嶂，笔墨活泼。由吴镕绘画，休宁刘功臣镌刻的《白岳凝烟》是清代墨范的典型作品，完成于康熙五十三年（1714年），该作有40幅绘图，镌刻风格极为雅致。丰溪吕世镛怀永堂所刻《第六才子书西厢记》完成于康

熙五十九年（1720 年），亦是版画中的精品之作，画图底稿由程致远绘成，由郑子猷镌刻完成。清代前期的统治者，在重视图书印刷的同时，也十分关注版画的刻印。为了给宫廷镌刻图书插图或其他各类版画，朝廷从各地花重金聘请能工巧匠入宫。因此，风格独特的“殿版版画”便产生了，其成果主要表现在以下几个方面。

首先，清代内府所刻书籍多为御制、御纂、奉敕编撰的著作，如绘图极为精致的作品有《仪象图》《西清古鉴》《皇朝礼器图式》，以及编纂于清朝初期的天文历象等自然科学书籍的插图《律历渊源》中的《数理精蕴》《历象考成》《律吕正义》。

其次，清政府绘刻了大量的专集型的版画图录，其目的是粉饰太平，宣扬其治世之功，如雕刻于康熙五十一年（1712 年），由著名画家沈嵛绘图，吴中名匠朱圭、梅裕凤雕刻的《避暑山庄诗》配画的《避暑山庄三十六图景》，是专门为康熙而作的。乾隆六年（1741 年）又增添了比康熙刻本更为精细婉丽的乾隆之诗，刻印由朱圭重完成。殿版版画的优秀作品还有刻印于雍正年间的《圆明园四十景诗》，以及完成于乾隆年间的《八旬万寿盛典》《南巡盛典》等盛大典礼图书中的版画插图，这些插画做工精细，内容十分翔实，画面极为开阔，是为精品。

再次，许多精美的木版版画图出现在内府刻印的大型类书、丛书中。由铜活字排印的《古今图书集成》刻印于雍正年间，是殿版插图的精品，其附图由木版雕刻而成，聘请能工巧匠镌刻了其中的山水、地志、名物图录，刻印十分精细。又如以木活字排印的《武英殿聚珍版程式》刻印于乾隆时期，内附 16 幅雕版插图。其用木活字排印的全过程由其著者金简在书中专门介绍过。此书是一部十分珍贵的字版印刷文献，插图与文字内容完美配合，并且插图生动逼真。

最后，内府刻印的官修地理、方志性书籍中的插画是清代殿版插图中比较突出的一类。奉敕编撰于乾隆十六年（1751 年）的《皇清职贡图》是一部官修地理书，其编撰者是董浩等人，共 9 卷，完成于乾隆二十八年（1763 年）。本书附有 600 多幅插图，并且绘刻了英、法、荷、俄、朝鲜、日本以及新疆、西藏、陕西、甘肃、福建、四川等世界各地各民族的男女图像，同时附有简短的文字对其进行解说，书中还详细叙述了各国各民族的历史、生产、生活、风俗人情。官修方志《皇舆西域图》，完成于乾隆二十一年（1756 年）至二十四年（1759 年），共计 52 卷。该书记载了甘肃嘉峪关以外以及新疆全境内的景色，《图考》3 卷是通过实地考察绘制而成的，包括新旧图版 30 余幅。

乾隆年间，100 多幅的新版《皇舆全图》绘刻版画是在康熙时期编刻的《皇舆全图》基础之上重新增修完成的。此外，《盛京舆图》《黄河源图》等大型版画图录书册亦绘刻于乾隆年间。这些是清代殿版版画作品中的重要作品。

清代继承了胡正言于明代末期创制的“饾版”“拱花”彩色套印技术，但并没有加以新的改进，并且也没有得到广泛应用。用饾版方法复制于清代的《十竹斋画谱》与胡氏原作相比，从刻版、着色再到用墨纸张等各方面都略逊一筹。

内府于康熙五十一年（1712 年）刻印的《耕织图》，反映了当时农业以及桑树的种植情况。共有图 46 幅，详细生动地描绘了耕种、插秧、收割、入仓以及浴蚕、采桑、练丝、织布、成衣等生产劳动的过程。画图底稿由著名画家焦秉贞绘制，名匠朱圭镌刻。该书采用了套版彩色印刷方法刻印所有绘图。从绘画、镌刻到印刷都达到了很高的境界，作为清初继承胡氏饾版套印技术的印刷品是比较成功的作品。

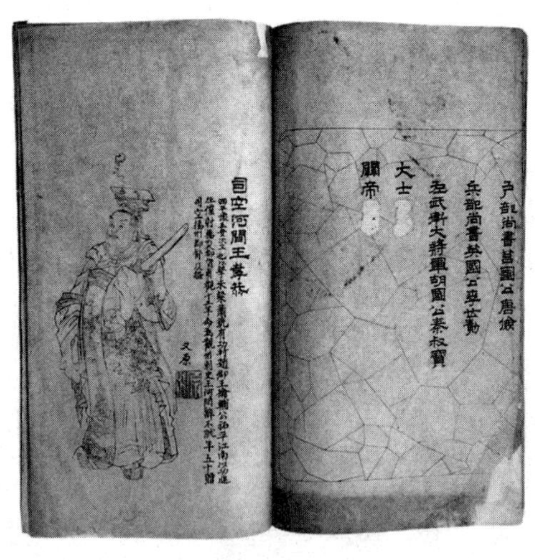

《清代凌烟阁功臣图》

《芥子园画传》是康熙年间由明末作家李渔之婿沈心友用饾版印刷而成的。其绘制的基础是由他保存的明末画家李长蘅的 43 幅画稿，以此为基础，沈心友聘请王槩、王

耆、王臬三位画家补绘完成，共有 133 幅作品。在李渔的帮助下，以李氏在金陵的别墅“芥子园”之名，题名《芥子园画传》而后刻印出版。全书共有四集，每集再分若干卷。第一集分为五卷，刻印完成于康熙十八年（1670 年）。第一卷是关于“学画浅说”“设色各法”等的基本理论，主要由文字构成；第二卷为“树谱”；第三卷为“山石谱”；第四卷为“人物屋宇谱”；第五卷是摹仿各家的画谱。第二集共分为 8 卷，为兰谱、竹谱、梅谱、菊谱，于康熙四十年（1701 年）刻印完成，每谱都以图为主，每谱之前载有画法浅说，说明画法和程序。第三集刻印完成于康熙四十一年（1702 年）。内容是花卉草虫谱、翎毛谱，分为四卷。第五集刻印出版于嘉庆二十三年（1818 年）。绘制、印刷该集的工匠与前四集不同。以丹阳画家丁鹤洲绘画的《写真秘诀》为主，同时收集乾隆年间画家上官周绘《晚笑堂画集》等图谱编刻为一集。该集与前三集合成《芥子园画传》的全帙，虽然作者不再是沈心友，但因其较高的价值依然为世人所重视。

沈心友、王槩等人所印刷的《芥子园画传》从刻绘到印刷工艺都十分精湛，作品具有极高的艺术价值，这得益于他们深入了解了胡正言的“饾版”技术理论与方法，并且掌握了套版彩色印刷关键性的工艺环节，并且有机结合了绘、刻、印三者之间的关系。《芥子园画传》作为《十竹斋画谱》之后的又一部彩色套版印刷艺术珍品，是清代彩印版画的巅峰之作，对后世产生的影响极为深远。

乾隆之后，清代版画印刷水平不断下降，逐渐衰落，但是在初期也有一些精品佳作出现，如杜堇绘 54 幅《水浒图象》；王翔于乾隆二十年（1755 年）绘制的《百美新咏图传》；刻印于乾隆二十六年（1761 年）的《黄山导》4 卷，由徽州汪氏一鸥草堂镌刻，休宁汪琪辑录而成；由吴钺辑刻于乾隆二十七年（1762 年）的《惠山听松庵竹垆图咏》等。

优秀的版画绘刻作品在清代后期变得十分少见。《红楼梦》最早的一种版画刻书是刻于乾隆五十六年（1791 年）的活字本《红楼梦》附图 24 幅，其刻印者是程氏萃文书屋。该书具有极高的收藏价值，但因为受画院派风格的影响，艺术水平与明代小说插图版画相比较低，画中的人物形象常显得呆滞。

版画印刷业在嘉庆、道光之后开始停滞不前，甚至出现了衰败的迹象。这期间较为优秀的作品有嘉庆十五年（1810 年）尺木堂刻印的《三星图》，共有 16 幅图，绘刻极为精细。刻于道光年间的王希廉评本《红楼梦》插图共 64 幅，内容包括人物形象以及花草禽鸟，画风简洁、神态自然。顾沅绘刻于道光八年（1828 年）的《吴郡五百名贤图赞》以及绘刻于道光九年（1829 年）的《历代古圣名贤传略》，其中的插图画风十分精细。

木版年画印刷的盛行

木版年画的印刷，在我国古代也有着很悠久的历史，它也是采用雕版印刷的，只是所印刷的题材和内容多为民间所喜爱的张贴画及装饰画，由于多在年节时使用，因此称为年画。

木版年画的印刷，是随着雕版印刷技术的发展而兴起的。在印刷术发明后的初期，印刷了大量的佛画，这大约就是早期的年画。1909 年在甘肃发现的《四美图》，可能是较早的民间张贴画，为南宋时平阳的印刷品。明代弘治至万历年间（1488—1597 年），年画的印刷十分兴盛，其内容为“门神”“寿星图”等。真正专门从事年画印刷的作坊，在明末才开始出现。到了清代初年，年画印刷才在很多地方发展起来，形成了一支独具风格的印刷门类。湖南的楚南滩，河北的武强、保定，浙江的杭州，江苏的扬州，福建的漳州、泉州，广东佛山，河南朱仙镇，以及安徽、贵州各地，也都有木版年画的雕印。但最有名的是天津的杨柳青、苏州的桃花坞和山东潍县的杨家埠三地。下面就简要介绍下这三处的木版年画印刷。

1. 苏州桃花坞的木版年画印刷

桃花坞是苏州城内偏北的一条街，自明代以来，这里就有专门从事木版年画印刷的作坊。早在明万历二十四年（1597 年），这里就刻印过一幅《百寿图》年画。清代初年，这里发展到 50 多家年画印刷作坊。在最兴盛的时候，苏州的冯桥、山塘、虎丘一带也有年画印刷作坊设立。随着年画印刷的

发展，这里也聚集了一批画家，他们的一些作品往往被印刷作坊所采用。

清芥子园画传

桃花坞的木版年画印刷最兴盛的时期，是清代康熙至乾隆年间（1662—1759年）。明末胡正言的“饾版”彩色印刷和清初的《芥子园画传》的印刷，都直接影响了桃花坞的年画印刷。因此，这里印刷的年画，无论在内容、构图、雕版、套色印刷等方面都达到了很高的水准。从乾隆五年（1740年）刻印的《姑苏万年桥》中，可以看到当时的刻印水平是很高的。

桃花坞的木版年画印刷，在技术上的最大突破，就是可以进行大幅面的印刷。其最大的印刷用纸幅面，可达110厘米×60厘米。在印刷用色方面，力求鲜艳，以适应民间的喜好。在较大幅面的版面上，进行巧妙的涂色、准确的套印，从而获得十分精致的彩色印刷品。在人物的肤色印刷方面，更有精到之处。在一些印刷品中，刻工和印工还吸收了西方雕版的技法。

2. 杨柳青的年画印刷

杨柳青是天津附近的一个集镇，是北方最早利用雕版印刷来印制年画的集中地之一。早在明代中期，这里便已有年画印刷作坊了。它和桃花坞相对应，形成了南北不同的印刷风格。

杨柳青最有名的年画印刷作坊，有戴莲增和齐健隆两家，都以人名作铺名。后来发展到十几家店铺，并从杨柳青向附近的村镇发展，据有关记载，从杨柳青到炒米店的一百多里的二十多个村镇，都有从事年画印刷的作坊和家庭。有名字记载的村镇就有：田庄子、李庄子、赵庄子、大佛寺、雪家庄、董家庄、张家窝、老君堂、高家村、康家庄、方家庄、宫家庄、严家庄、小店子、琉璃城、杜家庄、宣家庄、北村、郭庄子、木厂、新口、小沙窝、耀家围等。其中炒米店是除杨柳青外最集中的年画印刷集镇。因这里居天津至保定之间的交通要道，商业和手工业都很发达，为发展年画印刷创造了良好的条件。河北武强一带的年画印刷，比起杨柳青来要粗糙得多，主要销往广大农村。

在杨柳青的年画印刷最兴盛的时候，聚集着画工和雕版印刷工匠几百人，其中，知名的画工有张祝三、张俊亭、戴立三、王少田、高荫章、徐荣轩等人；知名的雕工有张聋子、王雕版、李文义、王永清、牛盛林、王文华、于振章等人。当时的画工和雕版工的报酬，大约每年为700钱，印刷工较少些，但也相差不多。

在杨柳青的年画印刷最兴盛时，较大的作坊雇用几十名刻工和印刷工，有十几个印刷案台在不停地印刷。仅戴莲增一家，每年便新印刷100余万张年画。在附近的村镇，年画印刷主要是作为一种农余时的家庭副业，所谓“家家都会点染，户户全善丹青”，就是对这种家庭副业的写照，很多农村妇女也都从事绘画、印刷工作。由于在广大农村，年画的销售有一定季节性，所以秋收以后这种印刷副业就开展起来，一直会忙到年关。每年秋后，各地贩买年画的客商从各地云集在杨柳青和炒米店等地，其销量是可想而知的。

杨柳青年画的题材，多为“仕女戏婴”“娃娃戏莲”“娃娃戏鱼”“五子夺魁”“冠带流传”“百子图”“戏曲人物”等民间喜闻乐见的画面。它和苏州的桃花坞有着共同的题材，但在绘画、雕版、印刷方面则有着南北不同的风格。杨柳青年画，则多受北方雕版插图和画院传统的影响。

3. 杨家埠年画的印刷

杨家埠是山东潍县的一个村镇，它是和桃花坞、杨柳青齐名的年画印刷集中地。杨家埠的年画印刷历史，比桃花坞和杨柳青要晚些。大约是清代初年，从开始印“门神”发展起来的。早期的印刷方法，是用雕版先印画面的轮廓，再用手工涂上色彩。后来从杨柳青请来技师，才采用套版印刷，用三五块“饾版”进行彩色套印，使印出的“门神”“灶君”非常鲜艳，销路很

好，从而使这里的木版年画的印刷业发展起来。到了清代中期，这里已发展到几十家印刷作坊，当时最有名的有合兴德、公义画店、公兴画店、大顺画店、公泰画店、恒是画店、德盛画店、聚德堂、同顺堂等。一年的用纸量达上千件，可见其印刷规模之大。这里印刷的年画，除在山东当地销售外，还大量远销到山西、河北、河南、苏北、东北等地。每年10月中旬，这里便云集了各地的客商，运载年画的大车无可计数。有些晚来的客商，往往买不到货，只好请各作坊连日赶印，其盛况不亚于杨柳青。杨家埠与杨柳青还有个共同的特点，就是在它附近的农村，也相继发展起年画印刷的家庭副业来，如寒亭、仓上、齐家埠、倪庄、王家道口等村，都有相当数量的农家从事年画印刷。

杨家埠年画的形式和用途有多种，小横披、方贡笺、摇钱树、大老虎等，这些一般是用于张贴在炕头墙壁上的；戏出和大贡笺一般是贴在场院闲屋的；大鹰和月亮是用来遮掩窗户或墙壁上面的孔洞的；另外，还有灶码、门神、福神、财神、牛子、福子等，也都是民间所喜购的。这些民俗年画的印刷多用红、黄、青、紫、绿五色，力求色彩鲜艳，画面的内容也多体现了民间所向往的丰收有余、家庭和睦、孝亲爱幼、勤劳节俭的积极内容。由于这一带风筝风行，印风筝纸也是这里印刷的内容之一。

年画印刷的兴起，开辟了一个新的印刷门类，它是在印刷术非常普及、社会文化需要情况下发展起来的。它的印刷方法虽同一般的雕版彩色印刷没有什么区别，但也有它自己的特点，这些特点主要表现在以下几个方面。

（1）年画的印刷幅面比起书籍插图要大得多，而且不同的用途幅面大小也不同，按其版面的大小有金贡笺、金三裁、大贡笺、三裁、屏幅、中堂、横披、对联、斗方等品种。

（2）在印刷方法上，多采用原色印刷，力求鲜艳热闹，套印颜色也不宜过多。为了便于“饾版”套印，多采用等色量的单线平涂。由于版幅较大，为了便于套准，需要考虑印版的胀缩，除了选用伸缩率小的木材外，还采用一种歇版的方法。

（3）在刻版方面，讲求突出人物，刀法粗壮，力求降低刻版成本。

（4）三处年画的风格也略有不同。桃花坞年画受江南风格的影响较深，特别是直接受十竹斋和芥子园印刷的影响，以精细见长，在用色上也力求轻清淡远的风韵；杨柳青年画受北方画派的影响，但为了适应广大农村的需要，就要设法降低造价；杨家埠的年画乡土气息更浓重些，喜欢用较重的色彩，人物形象突出，眉目清晰，在刻版方面讲求粗壮的刀法。

对于民间木刻水印年画来说，在印刷技术上并没有什么新的成就，在印刷质量上还比不上《芥子园画传》，但它在印刷史上却占有重要地位。首先，它开创了一种新的印刷门类，使木版彩色印刷得以广泛普及，它的印刷品虽不十分精细，但也为民间特别是广大农村所喜闻乐见，有助于丰富民间的文化生活。其次，年画印刷业的发展也培养了一大批刻版和印刷工匠，其中不乏技艺精湛者，对木刻水印的发展是有一定推动作用的。它在印刷史上还有一个很大贡献，就是开创了大幅面的套印，而且在套印准确性方面也采取了一些措施。

明清北京民间印刷

作为明代的京城，北京是当时政治、文化的中心，这里对书籍的需求量可称全国之首。但就民间的印刷业来说，其却远不如南京、建阳等地发达。究其原因，大概有以下几点。（1）北方造纸业不发达，北京印刷所用的纸张要从南方远道运来，因而加大了印刷成本，反不如直接从南方购进书籍。（2）一方面，由于政府的印刷规模较大，吸收了社会上一大批有刻版、印刷、装订技能的工匠，这无形中也削弱了民间的印刷力量；另一方面，民间的印刷很难与政府竞争。（3）在古代，印刷在政治上是有风险的行业，如果印刷某本书被政府官员认为有问题，那么有关人员都会受到牵连。因此，在中国印刷史上几乎有一个普遍现象，京城的印刷业反不如其他地区。与印刷业形成鲜明对照的是，销售书籍的店铺、书摊则十分发达。当然，这些书多数都是从南方贩运而来的。

明代北京的印书作坊，有资料记载的有永顺书堂、金台鲁氏、国子监前

赵铺、正阳门内大街东小石桥第一巷内金台岳家、正阳门内西第一巡警更铺对门汪谅金台书铺、刑部街陈氏、宣武门里铁匠胡同叶铺、崇文门里观音寺胡同党家、太平仓后崇国寺单牌楼张铺、京都高家经铺、二酉堂、洪氏剞劂斋等十余家。

永顺堂刻过什么书无从考察，1967 年上海嘉定县发现明成化七年至十四年（1471—1487 年）用竹纸刊印的 11 种说唱词话，在《薛仁贵跨海征辽故事》封面上印有“北京新刊”四字，这可能就是永顺堂印刷的。这套书还有《石郎驸马传》《包待制出身传》《包龙图断乌盆传》《断曹国舅公案传》《包龙图断白虎精传》等说唱本。金台鲁氏于成化间刊有《四季五更驻云飞》等几种小型说唱本。国子监前赵铺于弘治十年（1497 年）刻印《陆放翁诗集》。金台岳家于弘治十一年刻印《奇妙全相注释西厢记》，该书配有较多的插图。刑部街住陈氏刊印《律条便览直引》。金台书铺汪谅于嘉静元年（1522 年）刻印《文选》《史记》《玉机微义》《武经直解》《杜诗》《苏诗注》《潜夫论》等 14 种书。在《文选》一书后面还印有出版广告，其广告内容为：“金台书铺汪谅见居正阳门内西第一巡警更铺对门，今将所刻古书目录列于左，及家藏今古书籍不能悉载，愿市者览焉。”铁匠胡同叶铺于万历十二年（1584 年）刊印《真楷大字全号缙绅便览》及《南北直隶十三省府州县正佐首领全号宦林便览》（内容为中央与地方官员名录）。东城的隆福寺在明代也从事印书，刊有《词林摘艳》《五音篇海集韵》等书。

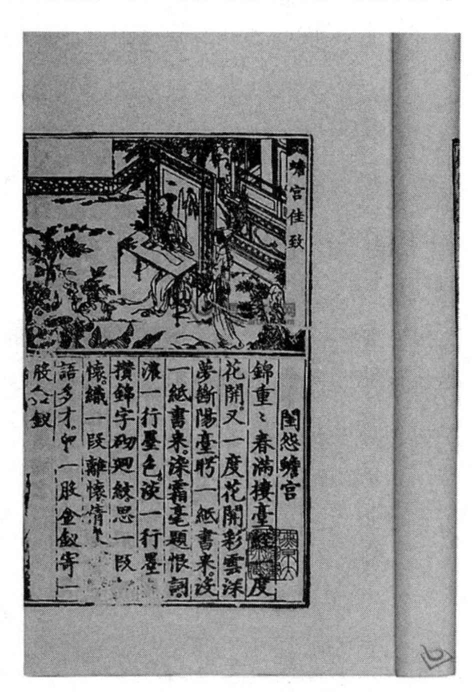

《奇妙全相注释西厢记》

万历二十九年（1601 年）正月，意大利天主教士利玛窦来到北京，并于 1605 年创建了南堂（地点在宣武门

内）。为了宗教宣传的需要，也翻译出版了《天学实义》《圣经直解》等39种书籍。

从以上介绍可以看出，明代北京的民间印刷规模并不是很大，而与此形成鲜明对照的是书籍的销售市场则是十分繁荣的。作为明代政治、文化的中心，对书籍的需求量是相当大的，再加上会试之年上京的学生举子，以及自然流动人口，北京就自然成为全国最大的书籍市场。北京的书市除了几家有固定店铺门面者外，大部分是设摊卖书。当时城内的隆福寺、白塔寺、护国寺等都有定期的庙会，在这些庙会上书摊往往集中在一起，规模很大。另外，大明门（天安门与正阳门之间）一带，摊贩林立，百货云集，书摊也不少。胡应麟说："凡燕中书肆多在大明门之右及礼部门之外，及拱宸门之西，每会试举子，则书肆列于场前，每花朝（农历二月十二传为百花生日）后三日，则移于灯市，每朔望并下浣五日，则徒于城隍庙中。灯市极东，城隍庙极西，皆日中贸易所也。灯市岁三日，城隍庙月三日，至期百货萃焉，书其一也。"由此可见，北京的书籍市场规模是很大的。

北京市场的书籍多数都要从南方运来，北京所印的书很难满足这样大规模的销售市场。明胡应麟说："燕中刻本自稀，然海内舟车辐凑，筐筐走趋，巨贾所携，故家之蓄错其间，故特盛于他处，第其直至重，诸方所集者，每一当吴中二，道远故也。辇下所雕者，每一当越中三，纸贵故也。"胡氏的这段话说明，北京市场上的书籍，大部分是书商从吴越地区贩运来的，由于南方纸、墨、工等价格低廉，即使是远道运来的书也比当地印刷的书要便宜些，这也说明了北京民间印刷发展缓慢的一个原因。

清代北京的民间印刷业，从乾隆年间起开始发展起来，过去主要从事书籍销售的店铺也逐渐开始自己刻印书籍。作为京城，文人会集，书籍的销售量自然很大，很多店铺每年都要到南方各地购进书籍，有的则专门到民间收购旧书销售，都有利可图。因而，使北京形成了一个很大的书籍销售市场。在一些主要街道旁或是几个庙会，汇集着一大批书摊。这种繁荣、兴旺的书籍销售市场，刺激着北京印刷业的发展。到了清代中期，北京已有100多家印刷作坊。

北京的印刷作坊，多集中在内城的隆福寺和宣武门外琉璃厂一带，尤其是琉璃厂一带更是书坊、书店云集之处。据历史记载，自乾隆初年起，这里成为书店、文物、文具等商号集中之地，尤以书店为多。有的书店专卖旧书；有的书店则新旧兼售；有的书店则为前店后厂，自印自销。这里销售的书来自全国各地，很多店铺每年都要派人到江浙、湖广一带来购买新书，而更重要的则是派人到各地收购旧书，因为往往可以廉价收得民间收藏的各种珍贵版本，获利往往要比售新书高得多。很多藏书家总能在这里找到他们所需的珍本，不惜重金购买。

清代北京内城主要为清朝贵族、旗人居住，汉族官员及文人多居住在宣武门外一带，上京赶考的学生也多在这一带落脚。乾隆三十五年（1770 年）四库开馆，四方文人云集京师，参与编校《四库全书》，王士祯、朱彝尊、孙星衍等当时著名的文人都居住在这一带。由于这种良好的环境，吸引了不少书商在此设店，琉璃厂一带很快便成为文化业集中之地。

除了琉璃厂、隆福寺的书店及印书业较集中外，在北京的其他街市也分布着书店、书摊及印刷作坊，如杨梅竹斜街、打磨厂、宣武门内西草厂口、头发胡同等都有书店和印刷作坊。在宣武门内西便道上，书摊成行，绵延至西单牌楼。西单商场门前书摊也很多，什刹海、安定门大街、鼓楼前后、东安市场等，也都是书摊群集之处。另外，隆福寺、护国寺等庙会期，书摊也很活跃。

琉璃厂的书店、印刷业，在早期多为江西籍人上京赴考不中之士开办。相传最初有江西人某氏，来京会试不第，在此设店，自撰八股文试贴诗，自行刻版印刷出售，借此谋生。后来的不第生员以同乡关系，多仿此而行，逐渐便形成一个集团，他们有自己的行会组织，并在琉璃厂东门内路北建有文昌馆，定期在此进行行会活动。后来，河北帮势力兴起，尤其以蓟县籍人居多，足可以与江西派抗衡，于是他们集资在小沙土园修建北直文昌会馆，成为河北派行会的活动中心。他们的行会活动内容为：献戏祭奠本业之神；编制谱牒，志记本业中之亡故者；联络同业感情；交流技艺。在琉璃厂还建有火神庙，也由书业行会所建，这是因为书业最忌火灾，故祀火神以求免。其

实，行会的最终宗旨还是团结一心，维护本行会同业的利益。后来，河北籍书业行会由北直书行文昌圣会改名为“书行进德会”。书籍印刷行业的这种健全的行会组织，在印刷出版史上还是比较少见的。

知识链接

历史上第一个自书上版自著文集的文学家：和凝

历史上第一个将自著文集自己书写上版进行刻印的文学家是五代时期的和凝。

和凝，字成绩，五代后周须昌（今山东东平）人，少好为曲子，擅长短歌艳曲，官至左仆射、太子太傅。曾作《香奁素》《疑狱集》等。自以为文章以多为富，有文集百余卷。他把自己编写的文集，亲自书写上版，摹印送人。以其为历史上第一个自著、自书上版之美名，被后人传为佳话。

第六章

中国印刷术的外传

中国的印刷术，首先传入东亚的朝鲜和日本，以及东南亚诸国，后又经中亚传至非洲埃及，直到欧洲。中国发明的印刷术的广泛传播、使用，影响了世界，特别是欧洲印刷技术的发展，从而对世界的文明与进步产生了十分重大而深远的影响。

第一节 中国印刷术向东方的传播

向朝鲜的传播

我国在唐代发明了雕版印刷术之后，不久就在亚洲东方一些国家传播使用开来。在古代，东亚和东南亚许多国家大都使用汉字，其文化与中国文化相通。这些国家都非常喜爱中国文化和中国图书。因此，中国的印刷技术能很快地在这些国家传播并得到使用，就是很自然的事了。

在亚洲东方，最早传入中国印刷术的国家是朝鲜。早在南北朝时期，中朝两国就有了密切交往，当时有许多中国学者、画家及工匠应邀到朝鲜讲学和做工。到了公元七八世纪的新罗时代，亦即我国政治、经济、文化空前发达的唐朝时期，朝鲜曾派出许多留学生和僧人来中国求学、求经，时常多达百余人。这些人用政府发给的学习经费从中国购回了大批儒家经典和佛经，同时把中国刚开始使用雕版印刷术印刷的图书传入朝鲜。

1966 年，在韩国庆州佛国寺释迦塔内发现的现存世界上最早的雕版印刷品《无垢净光大陀罗尼经》，就是从中国流传到朝鲜去的。尽管这件印品上没有记载印造年代，但专家已经确认它是建塔时就放进去的。此塔建于新罗统一时期的景德十年（751 年），说明此经的印造至晚是在这一年。那么，这一雕印实物比在我国本土上发现的、记有确切印造年代的最早的印刷品，即唐

咸通九年（868 年）雕印的《金刚经》还要早 100 多年。经鉴定，其印刷方法与《金刚经》完全相同。学者们认为，它是在中国印刷之后才流传到朝鲜的。对此，美国著名印刷史研究家富路特说："所有这一切，仍然说明中国是最早开始发明印刷术的国家，印刷术是从那里传播到四面八方的，而佛教是主要媒介之一。"（《关于一件新发现的最早的印刷品的初步报告》）这一事实不仅说明中国是最早发明印刷术的国家，而且证明了朝鲜是最早接受中国印刷品、认识并接触中国印刷术的国家。

到了宋代，见于记载的朝鲜从中国传入的印本书籍就已经很多了。北宋初年，高丽显宗曾派员到中国请求佛经，宋真宗特批免费赠予。此后 30 年内，朝鲜曾先后从北宋请走三部印本《大藏经》。辽朝也曾赠送给朝鲜四部印本《契丹藏》。

今天，见于文献记载的朝鲜最早采用中国雕印术印刷图书，系始于高丽显宗二年，即北宋真宗大中祥符四年（1011 年）。当时，契丹大举入侵高丽，长期屯兵松岳城（今开城）不退。显宗笃信佛教，在百般无奈之际，就想借佛祖之力退敌保国，所以发愿要雕印成《大藏经》。经过 71 年的努力，到 1082 年，才经文宗之手刻刊成功。此经系依据宋《开宝藏》和《契丹藏》翻刻，后世称为《初雕高丽藏》。大约于 1101 年，高丽文宗之子、王子王煦还雕印过《义天续藏》。到了高丽高宗时，蒙古兵又从北方侵入，原藏在符仁寺内的《初雕高丽藏》经版全部毁于兵燹。高宗无退敌之力，于是又效法显宗，发愿重刻《大藏经》，希望借助佛力退敌。从 1237 年开始在江华岛上设立大藏都监，开雕经版，到 1251 年雕印成功，共刻成桦木书版 81218 块，每版双面刻字，印成经书 6791 卷。这便是后世所称的《再雕高丽藏》。当年所雕经版，至今尚收藏在庆尚南道海印寺中。

除佛经之外，朝鲜还雕印了许多中国经史著作。靖宗王享八年（1042 年），崔颙等曾把奉命雕刊的《两汉书》和《唐书》进献朝廷。3 年之后，秘书省又刊成《礼记正义》《毛诗正义》。这是现在知道的最早的朝鲜刻本儒家经典。早在刊印《初雕高丽藏》时的高丽文宗十二年（1058 年），忠州牧就雕印了一批中国医书，其中有《黄帝八十一难》《伤寒论》《本草格要》《张

仲景五脏论》等。而朝鲜雕印的本国著作则更多，如《高丽史》《三国史》《大典会通》及《东国通鉴》等。

北宋毕昇发明的活字印刷术，不久也传入了朝鲜。15 世纪的朝鲜著名学者金宗直曾在朝鲜印刷的活字本《白氏文集跋》中说："活板之法始于沈括，而盛于杨惟中，天下古今书籍无可不印，其利博矣。"徐有榘《镂板考》也说："活板之式，始见沈括《笔谈》，而东书最多用其法。"这里说得很清楚：朝鲜的活字印刷术也是在沈括《梦溪笔谈》中所记述的毕昇的活字印刷术基础上发展起来的。

中国毕昇发明活字印刷术不到 200 年，朝鲜就能够使用活字印刷术大规模地印造图书了。据记载，高丽高宗二十一年（1231 年），即南宋理宗端平元年（1234 年），朝鲜人崔怡就使用铸成的铜活字印刷了《详定礼文》50 卷。这是最早的朝鲜活字印本书。在我国，宋代采用活字印书最早的，有明确记载的只有南宋光宗绍熙四年（1193 年）周必大印《玉堂杂记》，比朝鲜印《详定礼文》要早 40 年。

活字印刷术从我国传入朝鲜以后，发展很快，并且逐渐取代了雕版印刷术。在朝鲜古代的官私藏书中，雕印本很少，大都是活字印本。朝鲜人民在毕昇活字印刷术基础上，创造了各种造字方法，使活字印刷术比在中国的发展还要快。早期，朝鲜的活字中也有仿毕昇胶泥活字而烧制的陶字，后来又制造出木活字。大约从 14 世纪中后期到 19 世纪末，朝鲜就先后有过 20 多次大规模制作木活字的工程。1376 年印刷的《通鉴纲目》，是现知朝鲜最早的木活字印本。

朝鲜印刷史上最为辉煌的成就，是最先发明并使用金属铜铸活字和铅铸活字印书。

朝鲜用铸铜活字所印图书最早的是崔怡于 1234 年排印的《详定礼文》。5 年之后，即 1239 年又重印了《南明证道歌》。至于此书首次排印于何年，则不得其详了。这些铜活字印本，要比已知的我国宋末元初使用铸锡字印书的时间稍早，或许为同时。朝鲜的铸铜造字，是先用黄杨木刻成反写阳文字，再印在软泥上，做成正写阴文字模，然后把熔成的铜液铸入字模，得到反写

阳文单字。在我国，宋末元初铸锡字印书的造字方法是否也是这样，由于缺乏记载不得而知。但是，清代翟金生用字模造泥活字和佛山唐氏铸锡活字的方法大体上是如此的。朝鲜的铸铜字印书，因为得到了政府的支持，所以发展很快。李太宗时，国家曾开设铸字所，负责铸造铜字。1403 年，铸字所铸成铜活字几十万个。太宗之子世宗，又于 1420 年铸造了一批铜字。最为著名的是世宗命李蕆于 1434 年（中国农历甲寅年）制作的 20 多万个“甲寅字”，其字形匀整，字体优美，被称为“传国之符瑞”“万世之宝”。此种字在朝鲜使用了 300 多年，曾先后 5 次被仿铸。

1436 年，朝鲜又铸造成了大号铅字，并用它排印了《通鉴纲目》正文，这是世界上最早的铅活字印本。

此外，朝鲜还创用了世界上独有的铁活字。1729 年曾用铁活字印成《西坡集》，后来又有《鲁陵志》等多种铁活字印本书。据文献记载，从 14 世纪初到 19 世纪中，朝鲜大规模铸造金属活字有 30 次左右。每次造字，少者七八万个，多者二三十万个。值得注意的是，这些铸字工程，除两三次为私家铸造之外，其余均为官府所铸。朝鲜政府如此重视活字印刷术，是我国历代封建政府所不能与之相比的。这也是活字印刷术在朝鲜能迅速发展的重要原因之一。

向日本的传播

中国和日本的交往有着悠久历史，日本文化深受中国文化的影响。中国的造纸、制墨及印刷技术，很早便传到了日本。

早在中国的东汉初年，日本就派遣使者来到京城洛阳学习中国先进的文化，后来佛教也经中国传入了日本。中国和日本的友好交往在中国唐代初期达到高潮，此时佛教已在日本广为流传，并且日本掀起了学习大唐文化的热潮。日本曾于公元 630 年至公元 834 年间多次派遣僧人和留学生到中国深造。他们在中国勤奋刻苦，积极学习中国的文化和先进技艺，回国后将所学知识广为传播。日本僧人和留学生回国时，不仅带回了先进的文化和技术，而且

带回一批佛经或其他方面的印刷品。例如，日本僧人宗睿在唐朝学习深造多年，于公元865年回国，回去时所带之物除佛经外，还有印本《唐韵》《玉篇》等一般书籍700余卷。这些书籍和佛经对日本文化产生了十分巨大的影响，此时日本僧侣亦将中国的印刷术带回了日本。《陀罗尼经咒》是日本现存最早的印刷品，约刻印于公元764~770年。这本佛经是早期学习中国印刷术的作品，复印效果并不十分理想。

但是，关于这件早期印刷品的地点是否在日本并不确定，原因是在这之后近200年，日本没有发现雕版印刷的物品及相关文献记录。

中国北宋初年，刻印了历史上第一部佛经总集《开宝藏》。此后不久(983年)，宋太宗就将该佛经一部赐给日本僧人奝然，并由他带回日本。这部佛经印刷品传入日本后，促进了日本印刷事业的发展。并且当时日本的佛教十分流行，只有印刷佛经才能满足日益增大的佛经需求量，因此印刷佛经就成为一种风气。根据史料，《法华经》于1009年印成了1000部，仅时隔5年于1014年又印1000部，其装订方法也和《开宝藏》相同。这可能标志着日本已正式印刷书籍，印刷的内容主要是佛经。刻印佛经的活动在日本十分流行，主要集中于奈良和京都的各大寺院。

给日本带去文明的鉴真和尚

至元代时期，越来越多的书籍传到日本，包括佛经、中国人的诗文集、儒家经典及医药著作等。日本人对这些书籍有着浓厚的阅读兴趣，因此社会需求量日增，促进了这些书籍在日本的刻印出版。印刻于1325年的中国人诗集《寒山诗集》，是日本刻印佛经以外书籍的最早记载。日本第一部刻印的儒家经典著作《论语》刻印于1364年。仅五山寺就刻了近80部中国书籍。这些书

籍的刻印都是以中国的版本为蓝本的，书籍的版式及装订形式也都是仿照中国的制度。

中国的元代后期至明代初期，大约有50多人到日本从事刻印工作。中国技艺娴熟的刻印工匠到日本从事印刻工作和传道授艺，极大地促进了日本印刷技术的发展。在这些刻印工匠中，以福建人为最多，有姓名可考的有陈孟荣、俞良甫，四明徐汝舟、洪举，福州人陈孟千、陈孟才、陈东、赵肖、长有、彦明、陈伯寿，天台周浩，福清蔡行、陈仲、陈尧、王荣、李褒、郑才、曹安、邵文、陶秀、钱良等。他们多被日本各大寺院请来，从事刻印佛经及一般书籍工作。

在元末赴日的刻工中，刻书较多、技术最精的是陈孟荣，他除与人合作刻过《宗镜录》《杜工部诗》《玉篇》等书外，还单独刻有《重新点校附音增注蒙求》《昌黎先生联句集》《天童平石和尚语录》《禅林类聚》等书。在他所刻书的刊记中，刻有“江南陈孟荣刊刀”“孟荣妙刀”“孟荣刊施”等字样，说明有的书是作为布施而刻的，不收报酬。他是元末赴日刻工中最有影响者之一。

在元末赴日刻工中，以俞良甫在日的时间最长、刻书最多，对日本印刷术的发展起到了很大作用。俞良甫为福建兴化路甫田县仁德里台谅坊人，于元代末年东渡日本，在日本京都从事刻书印刷事业约30年。他刻的书品种很多，有记载的有：《月江和尚语录》（1370年）、《宗镜录》（1371年）、《碧山堂集》（1372年）、《白云集》（1374年）、《集千家注分类杜工部诗》（1376年）、《新刊五百家注音辩唐柳先生文集》（1387年）、《传法正宗记》（1384年）、《五百家注音辩昌黎先生文集》（1389年）、《般若心经疏》（1395年）等。从上述刻书年代来看，他的刻书活动主要为明代洪武年间，说明他到日本后不久即已进入明代。因此，他在所刻书籍的刊记中，往往有“中华大唐俞良甫学士谨置”“大明国俞良甫刊行”等字样。在他所刻的《传法正宗记》一书的刊记中有“凭自己财物置板流行”字样，说明为他自己出资刻印的。他对自己所刻书籍中最满意的是《唐柳先生文集》，在刊记中刻有“久住日本京城阜近，几年劳鹿，至今喜成矣”。表明了他完成这一巨大工程后的喜悦心

情。俞良甫等中国刻工在日本的刻版印刷活动，无疑对推动日本印刷技术的发展起到了很重要作用。

12世纪，日本的雕版印刷术发展很快，除了佛经大量印刷外，中国的经、史、子、集及医学书籍也大量在日本刻版印刷，形成了日本印刷史上的一个高潮。日本印刷史学家在谈到推动日本印刷的动力时称有三个方面：一是佛教的传入和佛经的大量印刷；二是中国印刷书籍的大量输入，刺激了日本社会对书籍需要量的大增；三是元末明初一批中国刻印工匠到日本，他们不但从事刻书印刷，也向日本人传授了技艺，培养了一批日本自己的优良刻工。

日本古代的活字版技术，一般认为是从朝鲜传入的。1597年，日本用木活字排印了《劝学文》一书，在书后有“此法出朝鲜”之语。1637年至1648年，历时12年，用木活字排印了《大藏经》6323卷。此外，还用木活字排印过《史记》《后汉书》《贞观政要》《太平御览》，以及中国的医书、小说、诗文集等一批书籍。

除木活字外，日本还使用过铜活字。最早的一副铜活字是1616年从朝鲜所得，由于字数不足，又请汉人林五官补铸大、小铜活字约1.3万个，并排印了《群书治要》及《皇宋类苑》等书。这副铜活字实际是由朝鲜、中国、日本工匠共同完成的，在日本历史上也是唯一的一副铜活字。

中国明代兴起的彩色套印技术，也很快传到了日本。大约于18世纪初，日本人采用中国的这一技术印刷的彩色“锦绘”仕女风景等都表现了浓厚的日本民族特色，受到社会上的欢迎。

日本古代书籍的装订，也沿用中国的形式，既有早期的卷轴装，也有中期的经折装和蝴蝶装，而后期则多用线装。日本人在书籍的装订方面十分讲究牢固耐用，封皮多用厚纸。

总之，日本古代的造纸、制墨和印刷技术，都是直接或间接从中国传入的，中国在印刷术方面的每一项改进也都很快传到了日本，这也有力地促进了日本古代文化的发展。

向东南亚的传播

中国和越南不仅地理接壤，而且越南在很长的历史过程中使用汉字，两国在文化上有着很多相同之处。中国的造纸术和印刷术除了很早就传到东方邻国朝鲜和日本外，也向南方的邻国越南传播过。

早在公元3世纪，越南就掌握了造纸技术，其所用的工艺方法和所用原料几乎和中国相同。后来他们用当地所产的沉香树皮为原料，制成了“蜜香纸”，并曾销售到中国。宋明以来，越南经常向中国的统治者进贡所制的优质纸及纸制品。中国的印刷术向越南的传播，比朝鲜和日本都要晚些，但传播的方式是相同的，即先通过交换、赠送等形式，从中国输入书籍，并在此基础上学习中国的刻版、印刷技术，逐步开始自己的印刷事业。11世纪（宋代），越南人用自己的特产品开始交换中国的书籍，宋朝政府也曾向越南赠送过三部《佛藏》和一部《道藏》。元代初年（1295年），中国也曾向越南赠送过一部《大藏经》。在此之后不久，越南的一些寺院及民间，曾依照《大藏经》刻印过零星的单篇佛经，而且连续不断地进行着佛经的刻版印刷。

越南政府印刷儒家书籍，约开始于13世纪。1427年刻印了《四书大全》，这是越南最早出版的儒家经典。1467年又刻成《五经》印版，并大量印刷发行。15世纪后，越南的政府印刷逐渐兴盛，中国的史书、诗文集、医书、小说等书都有刻版印刷。其中有名的有《文献通考》《昭明文选》《通鉴纲目》等。除了依照中国的版本翻刻书籍外，也开始刻印越南人自己的著作。

《四书大全》四十八卷

为了学习中国的刻、印技术，有的越南人专程赶到中国来。1443 年和 1459 年，越南长津县红蓼人梁如鹄先后两次到中国学习中国的刻版技术，回国后在乡人中传授这一技术，从而促进了越南民间印刷业的发展。

大约 18 世纪初，越南才开始使用木活字排印书籍。最早的木活字印本是 1712 年排印的《传奇漫录》，后来也曾向中国购买过一副木活字，排印过《钦定大南会典事例》及《嗣德御制文集诗集》等书。

约 17 世纪，中国彩色印刷年画的技术也传到了越南。在越南的河内、湖村，都有一些专门刻印年画的作坊。它们不但所用的工艺方法和中国相同，甚至画面的题材、内容也多吸收自中国的传统。

早期的越南印刷品几乎都用汉字，后来出现了用汉字印正文，用喃字（越南根据汉字创造的越南字）印注音的方法，也有汉字、喃字混合使用的。19 世纪中期，越南开始使用拉丁文文字。

早在 10 世纪，菲律宾就和中国有贸易来往。太平兴国七年（982 年）菲律宾商船就来到广州。明代以来，菲律宾几次派使者来华，两国的交往更多了。与此同时，东南沿海一带的大批华人纷纷来到菲律宾经商或定居，同时带去了大批中国书籍。随后，中国的一些刻版、印刷工匠也到菲律宾从事印刷工作。现存最早的菲律宾印刷品，是刻印于 1593 年的《无极天主正数义真传实录》的中文译本。此书不但出自中国刻工之手，而且在版面形式上也继承了中国书籍的风格。从 1593 年至 1640 年，中国刻工可考者有八人在菲律宾从事刻书工作，在这期间还培养了一批当地的刻工。公元 1604 年，一位华人工匠铸造了一副金属活字，并印了几种书。

中国印刷术向东南诸国传播有几个显著特点：一是多由中国刻工亲自参加刻印，二是印书内容多为天主教方面的书籍。他们既采用中国的传统印刷方式，也吸收了一些西方的印刷技术，并对后来西方印刷技术的传入起到了一定的作用。

除了上述提到的几个亚洲国家外，中国的古代印刷术对亚洲各国都有一定的影响。

大约明代初期，中国的雕版印刷品就传到了泰国，其中有历书、纸币及

其他书籍。在当时南京的国子监，就有泰国的学生。也有不少华人到泰国定居，其中也有人从事刻书印刷事业。

在马来西亚、新加坡等国家，也都有中国的刻工从事刻书工作，但时间较晚，而且受西方天主教的影响较深。

知识链接

现知最早的活字印本——《玉堂杂记》

活字印刷术发明后，当时或稍后用它印了哪些书，迄今未见史载。后人对此虽有各种说法，但均属揣测之词，证据不足，难以置信。但有一点是可以而且应该肯定的，即毕昇发明的活字印刷术肯定用来印过书，如此伟大而工艺上又相当成熟的发明没有付诸实施、印出产品才是不可思议的。遗憾的是当时没有人把它记载下来，或者有人记载而未能流传下来。迄今所知，最早的活字印本是周必大用泥活字排印的《玉堂杂记》。

周必大，字子充、洪道，庐陵（今江西吉安）人，绍兴进士，官至左丞相，自号平园老叟，著书 81 种，有平园集 200 卷。于宋光宗绍熙四年（1193 年）按照沈括《梦溪笔谈》记载的毕昇泥活字印书法排印了他自著的《玉堂杂记》。对此，《周益文忠集》里作了如下记载：“……近用沈存中法，以胶泥铜版，移换摹印，今日偶成《玉堂杂记》二十八事，首恩台览……”文中所说“沈存中法”指沈括在《梦溪笔谈》中记载的毕昇泥活字印书法。从工艺上，周必大是将泥活字拣排在铜板、铜框内组成版面进行印刷的，与毕昇的方法无异。周必大用泥活字排印的《玉堂杂记》是现知世界上最早的活字印本。

第二节 中国印刷术向西方的传播

向中亚的传播

中国的印刷术不仅向东、南传到东、南各国，而且传播到了遥远的西方。中国的印刷术经由中亚、西亚而传至非洲、欧洲，进而辐射至美洲、大洋洲。根据史料没有直接证据证明欧洲印刷术是由东方直接传过去的，但是欧洲的印刷术在中国印刷术出现数百年之后才诞生，并且有证据证明是在中国印刷术的深刻影响下诞生的。这一点已成为西方大多数学者的共识。

在很早的时候中国印刷术就由新疆传到了中亚一带。由 6 种文字印刷制成的印刷品残存的许多碎片于 1902 年到 1907 年间在新疆吐鲁番古遗址中被发现，这 6 种文字为回纥文、汉文、梵文、西夏文、藏文、蒙文，而其中印刷物最多的文字是回纥文、汉文和梵文。印刷物中的汉文大多字体粗黑，印刷精良，方便阅读，这些精美的印刷物大多以册的形式存在，也有少数印刷物呈卷轴装式，这些特点都表明该印刷物是较早时期的产物。这些印刷品一般都是中国制造的，其证据是许多印刷品的标记页码是汉文，所标记的书名亦用的是汉文。

根据出土文物推测，这些印刷品的出现时间在 13 世纪至 14 世纪之间，因为出土的印刷品中出现了成吉思汗的名字，并且当时的社会现实是维吾尔（回纥）人在 14 世纪由于发动了对蒙古人的战争而造成了国力衰弱、文化低落。从出土的印刷品的技艺水平来看，这些印刷品已有上百年的历史了，当

时吐鲁番境内的印刷工业已相当完善。

回纥人印书的方法有两种：雕版印书和活字印书。其文物证据是1907年发掘于敦煌千佛洞中的回纥文木活字。根据史料得知，这些活字是世界上现存最早的活字。学术界通过考察一致认为，这些回纥文木活字的产生年代大约是1300年前后，这个时间与王祯创制木活字的时代相吻合，并且制作方法也相同。特别需要关注的是，这些木活字并非字母，而都是回纥文单字。这充分说明回纥人在照搬中国木活字技术的同时，并没有作较大的改进，而只是把印刻的对象由方块汉字变成了长短有别的回纥文单字。然而，根据考古发掘的文物得知，早在宋朝王祯发明木活字技术的一百多年前，西夏便已经采用了木活字印刷。这证明，出土于敦煌的维吾尔文木活字的制作年代可能更久远一些；另外，也为印刷术尤其是活字印刷技术的向西传播造就了更充裕的时间。

回纥人因为生活于亚欧沟通交流的中转站方位，特殊的地理位置使得其为东西方文化交流起到了十分重要的作用。埃及在10世纪或稍晚一些的时候出现了雕版印刷品与回纥人所起的作用有着重要联系。

13世纪时，东西方文化交流的枢纽转至由蒙古人伊儿汗国统治的波斯。伊儿汗国的首都是大不列士，大不列士是有史料可以查询的伊斯兰世界中唯一有雕版印刷品的地方。大不列士是当时的文化都市，聚集了欧洲人、阿拉伯人、中国人以及中近东许多国家的人。波斯不仅对中国印刷术十分熟稔，而且利用该技术印刷纸币。元朝时期，中亚及欧洲各国商人对中国纸币都十分感兴趣。1294年，一种印有汉文和阿拉伯文的纸币出现在大不列士。这种纸币的样式与忽必烈“至元宝钞”如出一辙，纸币上印刷的汉字也雷同，作为图样用以装饰纸币。他们为发行纸币做了大量前期准备工作，例如，在各省主要城市都设有宝钞局，并任命许多人员执行具体任务。由纸币上的阿拉伯文可得知该纸钞的发行时间是穆罕默德纪元693年（1294年）。

由于波斯模仿中国发行纸币是在邻近欧洲边界的一个国际大都会，位于欧洲边界的意大利则不可避免地注意到了波斯纸币的发行现象。

大不列士纸币发行后，波斯首相拉斯特·哀丁在其于大不列士发行纸币后编写的蒙古史和世界史中详尽地记录了中国的雕版印刷术：

“……他们就雇佣书法的高手，照原书每一页手抄在木板之上。然后再请

有学问的人加以精细的校正，校者的姓名就写在木板的背面。钞校以后，再命技艺高强的刻工把字全部刻出。等到全书各面刻完以后，照木板前后次序，编写号码，用密封的袋子装起来，好像铸币厂的字模一样。

“它们交给专职的可以信赖的官员保管，藏在专为此设的官署之中，并加盖一个特制的戳记。如果任何人希望重印此书，他可以向官署申请，交付政府所规定的费用，以后由官署把木板取出，用纸拓印，好像把印模铸金币一样，然后把印出的拓本交给申请印书的人。用这种方法，他们所十分信赖的书籍不可能发生任何增删的情形，中国的历史就是用这种方式流传下来的。”

这是世界上其他国家的学者对除了纸币印刷以外的中国印刷的较详细记载。拉斯特所著的史书成书 7 年之后，上述这两段话被巴那卡底所著的《智慧的源地》所引用，而这部史书所记录的范围更加广泛。

印刷业在东亚特别盛行之后，雕版印刷才得以传入欧洲。但在印刷业盛行的远东和尚不知晓印刷为何物的欧洲之间的阿拉伯却成为印刷术传播的障碍，因为他们拒绝将本族的文献进行复印。

波斯王朝遗址

拒绝利用印刷术来复印文献以传播宗教思想，这对于学识渊博、文化底蕴丰厚，并且有着虔诚的宗教信仰的阿拉伯人来说是匪夷所思的。阿拉伯人在中亚细亚发现了纸张，并将其迅速传播。很快，纸张取代其他材料成为首要的书写材料，其广泛传播于撒马尔罕以及西班牙。即便如此，他们也将印刷术拒之于门外。为什么他们对印刷术如此抵制？有人推测说因为印刷版刷是由猪鬃做成的，用其来印刷经书亵渎了上帝。而更为合理的解释则是阿拉伯人的保守在作怪。因为他们的经典流传方式是用书写体抄写，为了保持传统他们拒绝了印刷术。1707 年，依拉希姆在君士坦丁堡申请开印刷所虽得到了苏丹亚海默特三世的批准，但被明令禁止不得印行经典。1729 年，该所不顾禁令出版了一部埃及史而遭到了强烈反对。于是，阿拉伯各地便再没有出现过印刷品，这种现状直到 19 世纪末才得以改变。阿拉伯人不仅没有促进雕版印刷术传入欧洲，而且起了巨大的阻碍作用。

根据可靠证据得知，印刷术得以传入欧洲，是由生活在蒙古帝国和后来朝代在欧洲的华人通过波斯或埃及，或者其他方式及路线传播的。印刷术传入欧洲极大地促进了当地印刷活动的产生和发展，为后来谷腾堡的发明奠定了坚实基础。

向欧洲的传播

中国的造纸术在印刷术诞生之前已通过各种渠道沿着丝绸之路传入了西方。阿拉伯各国于约公元 7 世纪就掌握了中国的造纸术，但是欧洲直到 10 世纪才开始有造纸作坊。到 15 世纪，欧洲的很多国家开始用类似于中国造纸术的技术生产纸张。中国造纸技术在欧洲各国的流行，为印刷技术的应用和推广开辟了道路。

许多史学家都认为，中国的造纸术是经由“陆上丝绸之路”和“海上丝绸之路”向西方传播的。经由中亚、西亚和北非，最后传到欧洲。

中、欧之间的交流往来在元代得到了极大的发展，其主要表现：一是蒙古远征的同时将中国的文化带到西方；二是西方的传教士来中国造访，回国时携带了中国的印刷技术。13 世纪，在中国旅居多年的意大利人马可·波罗在他所著的游记中详细描述了中国印刷纸币的情况。该游记在欧洲的发行，

为欧洲人提供了认识中国情况的可靠资料。欧洲人从他的游记中得知了中国的印刷情况。根据史料记载，此时也有许多人将中国的印刷品及雕版带到欧洲。

天主教的传教士们由于需要大量的宗教宣传品用以传教，所以开始注意到中国的印刷方法。中国的雕版印刷因其巨大的印刷产量，最早被天主教用来大量印刷宣传品。于1423年刻印的圣克利斯道夫像是现存欧洲最早的印刷品。中国雕版印刷的版式影响了欧洲早期的雕版印刷品。例如，中国宋代书籍印刷中上图下文的形式就被欧洲早期雕版印刷的《旧约·列王纪》一书所采用。从欧洲人的著作中也可以看到中国技术对欧洲印刷业的影响。罗伯持·柯松就曾说过，欧洲雕版印刷书籍几乎在所有方面都与中国的模式完全相同，“我们只能认为，欧洲雕版书的印刷方法也一定是严格按照中国的样品复制的。把这些样品书带到欧洲来的是早期去过中国的人”。其他的欧洲学者也都认为，一方面，欧洲的雕版印刷从书籍形式到写样、刻版、印刷、装订，

水城威尼斯

都模仿了中国的工艺方法；另一方面，来中国旅居的传教士学习到中国的雕版印刷术以后回国传授。根据史料得知，有许多欧洲的传教士和旅行家于元代中叶到达杭州，有的在这里做了较长时间的居留。到中国旅行的传教士和旅行家有许多是意大利的威尼斯人，其中最为中国人所熟知的是旅行家马可·波罗。杭州是当时中国印刷业最发达、技术最精湛的地区，而意大利的威尼斯则是欧洲印刷业发展较早的地区。中、欧两个地区印刷业发展最快的两个地方的来往，充分说明了中国印刷术对欧洲的影响。

许多历史著作谈及的中国印刷术传入欧洲的路线共三条：第一条是到中国旅居的欧洲传教士和旅行家回国时携带了中国的印刷术；第二条是经由中亚、西亚、北非，最后传到欧洲；第三条则是经由俄国人传到欧洲其他国家。

学术界普遍认为，门多萨的一本出版于1585年、介绍中国的书是论述中国印刷术传入欧洲最有权威的著作。该书有几章是介绍中国书籍和印刷的，具体提到了中国印刷书籍的品种和中国的印刷技术。该书写道，德意志人约翰·谷腾堡于1448年才发明印刷术而后传至意大利及欧洲其他国家，而中国早在此之前就已经开始了印刷书籍。门多萨提及："然而，中国人确实证实印刷术首先开始于他们的国家。他们还把发明人尊为圣贤。显然，印刷术是在中国实行了多年之后，才肯定经由罗斯及莫斯科公国传到了德意志，而且可能是陆上传来的。有些从阿拉伯费利克斯来的商人可能带来一些中国书。约翰·谷腾堡，这位历史上称为发明者的人，就以这些书作为他发明的最初基础。"后来欧洲的许多作家，也都曾引用过门多萨的上述论断，貌似多数人都承认中国书籍和印刷术对谷腾堡的发明起了影响作用。当然，也有一些欧洲史学家持有相反的观点，他们认为谷腾堡的发明完全不同于中国的印刷技术，是独立完成的。但是他们承认，中国的雕版印刷和活字印刷早于谷腾堡的发明。

美国著名的印刷史学家卡特博士在《中国印刷术的发明和它的西传》一书中，用充足的可靠史料做引证，论述了中国印刷术向西方的传播。他从众多史料得出的结论是承认中国印刷技术或者印刷实物对欧洲的印刷术有着启发性作用。

当代被认为最有权威的中国印刷史学家之一的美籍华人钱存训教授所著的《纸和印刷》一书，以李约瑟博士的巨著《中国科学技术史》的分册形式出版。这是到目前为止，关于中国印刷相对较有权威的研究著作。他通过印证13世纪

以来众多欧洲学者对中国印刷术及其对欧洲产生的影响的论述而具体分析了该问题。他的结论是：雕版印刷是后来出现的各种印刷方法的滥觞，是人类历史上最早的印刷方法，它为后来各种印刷技术的出现提供了前提基础。学术界普遍认为大约在14世纪，中国的雕版印刷技术传入欧洲并逐步扩散至欧洲各国。欧洲人通过陆路或者海路将中国的活字版印刷技术带回欧洲，中国活字印刷技术影响了谷腾堡的发明，“说明欧洲印刷的起源和中国有联系”。

著名的中国科技史学家李约瑟博士对这个问题也做了高度的概括。他说：“如果说约翰·谷腾堡在1454年前后对中国当时业已流传了5个世纪的印刷书籍一无所知（甚至也没听到过），那是极难令人置信的。有些同时代的史料确凿地说明他知道这些情况。也许他对400年前就发明了活版印刷的先驱者匠师毕昇知道得要少一些。我们以前提到过《梦溪笔谈》中有关毕昇的著名段落，还描述了后来王祯所作的活字转轮盘。除中国外，朝鲜的印刷者也使用它这种技术，但是使用活字印刷的吸引力，对只需26个字母的拼音文字来说，大大超过涉及53500个表意单字和400个部首的文字，自不待言。”他接着说：“即使退一步说，我们也有足够的证据说明中国的印刷和书籍出版，在谷腾堡所生活的年代以前早已为全世界所熟知和称羡了。尔后多年，我们看到的耶稣会士的叙述也表明，他们对如此极大地丰富了人类学识的中国图书又是多么地景仰。确实，正如弗朗西斯·培根所说的那样：人类的智慧和知识赖书籍得以保存，免于时间的不公正待遇而永远不断更新。”（见李约瑟《中国科学技术史》第五卷第一分册序言）李约瑟博士的这段论述，不仅概括了中国印刷术发明以及对世界文明的巨大贡献，也说明欧洲的活字版印刷技术受到了中国技术的启发和影响。

中国印刷术对人类文明的贡献

中国印刷术的影响，除上述它对于世界各地印刷术本身发明、发展的开端及启示意义外，还有一个重要影响，那就是它对于人类文明的重大贡献。

首先，应当看到中国古代的印刷术在传播中国传统文化以及它对于东方文化形成方面的重要影响。我们姑且不谈这种影响的性质，但它的存在和作用是很显然的。

中国传统文化，是以儒家思想文化为核心的古老文化。

在印刷术发明前的简册、缣帛及纸写本书时代，这些图书的主要内容就是为宣传、完善这种思想文化服务的。但是，由于受到用手抄写而生产能力低微的限制，书的复本很有限，因而使这种文化的传播、发展也受到了限制。到了唐代，印刷术发明之后，图书得以大量印行，这就大大加强了中国传统文化的传播与完善的手段，使它不仅在国内传播加剧，而且借助于印刷术的力量远传到了朝鲜、日本及东南亚和中亚等地方。这些国家和地区的人民长期使用汉字，读汉书，崇尚汉文化，中国图书的力量，尤其是印刷术发明后大量印刷品宣传、传播的力量则是任何力量都代替不了的。众所周知，这些国家和地区的思想文化与中国传统文化有着极大的相似、相通之处，而这种相似、相通之处则正是东方文化的独有特色。这中间，印刷术在国家间的文化交流，尤其是它将中国传统文化向其他国家的传播方面的作用之大是无法估量的。

另外，佛教文化是东方文化的又一重要内容。佛教自汉代传入中国以来，到南北朝时期开始了大发展，但佛教经典还只能靠手抄而流布推广。印刷术发明之后，中国的印本佛教经典不仅在国内广传，而且在亚洲许多国家和地区传布。这些国家还直接运用中国的印刷术来印刷佛经，传播佛教文化。可以这样说，中国的传统思想文化和佛教文化是世界东方文化最重要的内容，是东方文化特有的色彩和象征。在这种色彩和象征的形成过程中，中国印刷术的传播、交流作用，它把这些相同的思想文化色彩涂写到东方不同国家的文化积淀之上，使之形成相同的东方文化的作用，这在当时是独有的，影响力是非常大的。

没有印刷术就没有书籍的繁荣

其次，我们还应当看到由于中国古代印刷术的启迪、影响而发明和发展起来的西方

先进的印刷技术，对于西方文化的进步、社会的变革乃至于全人类文明进步所产生的巨大力量和作用。在中国古代印刷术的启示、影响下，15 世纪产生于德国的活字印刷技术，经过不断改进提高，到 16 世纪就形成了很大的印刷生产力量，出现了庞大的印刷出版工业，从而促进了西方文化、科学的发达，并首先在西方产生了思想和社会的强烈变革。这主要表现在印刷术鼓励了西方不同民族的文学、语言和思想的发展，这些不同的文学、语言文字和思想文化成了许多新兴国家建立的重要条件和动力，是使欧洲科学、文化大发展，并带来了文艺复兴，从而使欧洲走出了漫长的中世纪黑夜的重要动力。此后，又是借助于印刷术的力量把这种西方文明传播到了世界各地，推动了整个世界思想文化的进步，从而使人类走进了今天的文明。印刷术的这种最原始的力量，来自中国。

全世界人民都应当为中国发明的印刷术而骄傲！

知识链接

现存最早的套印本《金刚经注》

套印本是指用套印术印刷的书本。它是在单色雕版印刷术基础上逐渐发展而来的、彩色套印术印刷的书籍的总称。现存最早的套印本是元朝至元六年（1340 年）湖北江陵资福寺无闻和尚注《金刚般若波罗蜜经》。在这部佛经的卷首有一张扉画，扉画中央坐着一位正在注经的和尚，和尚身边站着一个书童。图的右下角（和尚的左前方）站立一人，连同和尚前面的书案、方桌、灵芝，身后的云朵，均为红色。图上方的松树为黑色。正文经注也由红、黑两色印成。这是现存最早的套印书，人们通常称它为最早的套印本。

湖北江陵资福寺刊印的《金刚经注》是现存最早的套印本，但不是套印术之始，这一点应该分清楚。以往人们习惯于从印书的角度去谈论印刷

术和套印术，往往把印刷术和印书、套印术和套印书混为一谈。譬如，迄今仍有部分学者认为套印术始于元代，资福寺刊印的《金刚经注》是它的最早印本。说元代刊印的《金刚经注》是现存最早的套印本是对的，因为在现存早期套印品中称得上是“本”的的确是这本《金刚经注》。但以《金刚经注》为实物证据，说套印术始于元代就未必见妥了。因为在现存实物中，有几件套印品要远远早于《金刚经注》。譬如前面提到的宋朝纸币和辽代彩印佛像，还有在西安碑林发现的金代平阳彩印品《东方朔盗桃图》，尽管它们的印刷质量不够精良，印的又不是书，但它们都是套印品。套印术的发明远在元代刊印《金刚经注》之前是毋庸置疑的。

图片授权

全景网

壹图网

中华图片库

林静文化摄影部

敬　启

本书图片的编选，参阅了一些网站和公共图库。由于联系上的困难，我们与部分入选图片的作者未能取得联系，谨致深深的歉意。敬请图片原作者见到本书后，及时与我们联系，以便我们按国家有关规定支付稿酬并赠送样书。

联系邮箱：932389463@ qq. com

参考书目

1. 邹毅．证验千年活版印刷术［M］．北京：中国社会科学出版社，2010.
2. 李万健．历史文化丛书：中国古代印刷术［M］．郑州：大象出版社，2009.
3. 张秀民．中国印刷术的发明及其影响［M］．上海：上海人民出版社，2009.
4. 米盖拉．中国和欧洲——印刷术与书籍史［M］．北京：商务印书馆，2008.
5. 曲德森．北京印刷史图鉴［M］．北京：北京艺术与科学电子出版社，2008.
6. 罗树宝．中国古代图书印刷史［M］．长沙：岳麓书社，2008.
7. 佟春燕．典藏文明（古代造纸印刷术）［M］．北京：文物出版社，2007.
8. 张秀民．中国印刷史［M］．杭州：浙江古籍出版社，2006.
9. 李晓红．印刷术——中国古代四大发明［M］．北京：中国盲文出版社，2006.
10. 钱存训．中国纸和印刷文化史［M］．南宁：广西师范大学出版社，2004.
11. 钱存驯．中国古代书籍纸墨及印刷术［M］．北京：北京图书馆出版社，2002.
12. 潘吉星．中国金属活字印刷技术史［M］．沈阳：辽宁科学技术出版社，2001.
13. 张绍勋．中国印刷史话——中国文化史知识丛书［M］．北京：商务印书馆，1997.

中国传统风俗文化丛书

一、古代人物系列（9 本）

1. 中国古代乞丐
2. 中国古代道士
3. 中国古代名帝
4. 中国古代名将
5. 中国古代名相
6. 中国古代文人
7. 中国古代高僧
8. 中国古代太监
9. 中国古代侠士

二、古代民俗系列（8 本）

1. 中国古代民俗
2. 中国古代玩具
3. 中国古代服饰
4. 中国古代丧葬
5. 中国古代节日
6. 中国古代面具
7. 中国古代祭祀
8. 中国古代剪纸

三、古代收藏系列（16 本）

1. 中国古代金银器
2. 中国古代漆器
3. 中国古代藏书
4. 中国古代石雕
5. 中国古代雕刻
6. 中国古代书法
7. 中国古代木雕
8. 中国古代玉器
9. 中国古代青铜器
10. 中国古代瓷器
11. 中国古代钱币
12. 中国古代酒具
13. 中国古代家具
14. 中国古代陶器
15. 中国古代年画
16. 中国古代砖雕

四、古代建筑系列（12 本）

1. 中国古代建筑
2. 中国古代城墙
3. 中国古代陵墓
4. 中国古代砖瓦
5. 中国古代桥梁
6. 中国古塔
7. 中国古镇
8. 中国古代楼阁
9. 中国古都
10. 中国古代长城
11. 中国古代宫殿
12. 中国古代寺庙

五、古代科学技术系列（14 本）

1. 中国古代科技
2. 中国古代农业
3. 中国古代水利
4. 中国古代医学
5. 中国古代版画
6. 中国古代养殖
7. 中国古代船舶
8. 中国古代兵器
9. 中国古代纺织与印染
10. 中国古代农具
11. 中国古代园艺
12. 中国古代天文历法
13. 中国古代印刷
14. 中国古代地理

六、古代政治经济制度系列（13 本）

1. 中国古代经济
2. 中国古代科举
3. 中国古代邮驿
4. 中国古代赋税
5. 中国古代关隘
6. 中国古代交通
7. 中国古代商号
8. 中国古代官制
9. 中国古代航海
10. 中国古代贸易
11. 中国古代军队
12. 中国古代法律
13. 中国古代战争

七、古代文化系列（17 本）

1. 中国古代婚姻
2. 中国古代武术
3. 中国古代城市
4. 中国古代教育
5. 中国古代家训
6. 中国古代书院
7. 中国古代典籍
8. 中国古代石窟
9. 中国古代战场
10. 中国古代礼仪
11. 中国古村落
12. 中国古代体育
13. 中国古代姓氏
14. 中国古代文房四宝
15. 中国古代饮食
16. 中国古代娱乐
17. 中国古代兵书

八、古代艺术系列（11 本）

1. 中国古代艺术
2. 中国古代戏曲
3. 中国古代绘画
4. 中国古代音乐
5. 中国古代文学
6. 中国古代乐器
7. 中国古代刺绣
8. 中国古代碑刻
9. 中国古代舞蹈
10. 中国古代篆刻
11. 中国古代杂技